JINGGUAN SHEJI

SIWEI、FANGFA YU SHIXUN

景观设计

思维、方法与实训

张健健　任兰红　刘思源　编著

U0380249

东南大学出版社
SOUTHEAST UNIVERSITY PRESS
·南京·

图书在版编目（CIP）数据

景观设计：思维、方法与实训/张健健，任兰红，
刘思源编著. -- 南京：东南大学出版社，2024.6（2025.1重印）
　ISBN 978-7-5766-1422-0

　Ⅰ.①景… Ⅱ.①张… ②任… ③刘… Ⅲ.①景观设
计 Ⅳ.①TU983

中国国家版本馆CIP数据核字(2024)第105459号

责任编辑：顾晓阳　责任校对：子雪莲　封面设计：余武莉　责任印制：周荣虎

景观设计：思维、方法与实训

编　　著：	张健健　任兰红　刘思源	
出版发行：	东南大学出版社	
出 版 人：	白云飞	
社　　址：	南京四牌楼2号　邮编：210096	
网　　址：	http://www.seupress.com	
电子邮件：	press@seupress.com	
经　　销：	全国各地新华书店	
印　　刷：	广东虎彩云印刷有限公司	
开　　本：	700 mm×1 000 mm　1/16	
印　　张：	12.75	
字　　数：	278 千字	
版　　次：	2024 年 6 月第 1 版	
印　　次：	2025 年 1 月第 2 次印刷	
书　　号：	ISBN 978 - 7 - 5766 - 1422 - 0	
定　　价：	68.00 元	

本社图书若有印装质量问题，请直接与营销部调换。电话（传真）：025-83791830

前 言

　　进入21世纪以来，我国的景观设计行业经历了一个飞速发展的时期。与三十年前相比，城市景观面貌发生了翻天覆地的变化，而乡村景观面貌也在乡村振兴国家战略的指引下得到持续改善。这期间涌现出许多优秀的案例，也积累了不少值得学习的设计经验，中国的景观设计已经从刚起步时的模仿学习中成长起来，逐渐形成自己的风格特色。

　　时至今日，当宏观层面的景观格局基本已经确立，景观的艺术品质日益成为大众关注的焦点。从景观自身的渊源来看，其与艺术有着极为密切的关系。中国传统园林与中国的传统诗歌、绘画、书法都有着深厚的联系，古代的许多造园家亦是精通诗画的艺术家。西方传统园林在历史上和文学、绘画、雕塑等有着相似的艺术地位，在其发展过程中与其他艺术门类密不可分。比如17世纪的法国古典主义园林，深受当时君主专制政体的艺术环境影响，呈现出规则对称、等级分明的空间结构。18世纪的英国风景式园林，则受到风景画和田园文学的影响，形成以起伏的草地、蜿蜒的道路、自然式种植为特征的景观风貌。

　　虽然景观与艺术有着深厚的渊源，但是景观设计并不等同于艺术创作，其设计构思和设计方法均有一定的规律和章法。可以说，图上的每一条道路、每一个亭子或是每一棵植物，都应该有充分的设计依据。本书根据作者多年的教学和实践经验，在全面梳理景观设计理论的同时，对设计构思、方法进行了重点阐述。在第八章景观设计实训部分，按照从简单到复杂的顺序，列举了四种常见景观类型的设计要点，并且选取部分学生作业作为参考，希望能为刚接触景观设计的初学者提供可操作的设计路径。同时，鉴于AI近年来的快速崛起，本书对于未来AI对设计行业的影响也进行了初步的探讨。

本书不仅适合高等院校环境设计、风景园林、建筑学、城乡规划等相关专业的课程教学，对相关专业的从业人员也具有参考价值。由于编者水平有限、时间仓促，书中难免存在不足和错误之处，希望广大读者和同行、专家批评指正。

张健健

2023年中秋于南工博学楼

目 录

第一章

绪论

第一节　基本概念

一、景观

"景观"一词来自英文的"landscape"，最早在文献中出现是在希伯来文版的《圣经》中，用于对圣城耶路撒冷总体美景的描述。19世纪初，德国地理学家、植物学家将景观作为一个科学名词引入地理学。在《辞海》中，对"景"的解释主要是"景色、景致（与风景、景象意近），现象、情况（景况、情景）"；"观"的解释主要是"看（观看），对事物的看法或态度（人生观），景象（奇观），游览（观光）"。

现代英语中景观（landscape）一词则是出现于16与17世纪之交，作为一

图1-1　斯图海德园——英国风景式园林

个描述自然景色的绘画术语，引自荷兰语，意为"描绘内陆自然风光的绘画"，用以区别于肖像、海景等。后来亦指所画的对象——自然风景与田园景色，也用来表达某一区域的地形或者从某一点能看到的视觉环境。18世纪，英国园林设计师们直接或间接地将风景绘画作为园林设计的范本，将绘画中的主题与造型移植到了园林设计的过程中，这样创造出来的景观形式都类似于风景，从而使"景观"一词同"造园"联系起来（图1-1）。

无论是东方文化还是西方文化，"景观"最早的含义更多的具有视觉美学方面的意义，同"风光""景色""风景"等词同义或近义。后来因为地理学领域的关注，景观开始关注人与自然之间的关系及其生态发展的特点。

二、设计

设计（design），作为人类特有的、有意识的生命活动，其含义是"在正式做某项工作之前，根据一定的目的要求，预先制定方法、图样等。"也就是说，设计是人们在生产劳动中，把自然的物质改造成符合人类需要的产品之前，在头脑中形成或制定的某种构想或规划。

就词义的构成看，汉语中的"设计"，是"设想"与"计划"的意思，它原本是一个动词，后来逐渐演变为名词，指人从事创造活动之前的主观谋划过程。

设计有两种表现形态：在一些情况下，它只是生产过程的内部因素，产品的原型保留在生产者的头脑中；在另一些情况下，设计是相对独立的活动，生产者根据设计师预先设计的图纸进行加工，这和艺术创作相类似。有些艺术创作要先有草稿、草图，而有些艺术创作则不需要草稿、草图，虽然它们也先有设计，那是存在于意识中的形象。

设计有广义与狭义之分。广义的"设计"其领域涉及人类一切有目的的创造活动，反映着人的自觉意志和经验技能，与思维、决策、创造等过程密切相连。而狭义的"设计"则特指美学实践领域内的，甚至仅限于实用美术范畴内的各种相对独立的构思与创造过程。它注重产品的外在表现形式和美学效果，即设计活动更侧重对人们精神需求和审美需要的那一部分内容进行重点设计。

三、景观设计

景观设计是一种设计活动，是社会发展到一定程度的产物，简单理解就是通过整合、规划等科学合理的手段将一种景物转化为另一种景物，使其更好、更和谐地发展。

景观设计是一门艺术，它要实现好的表现形式和美学效果，但它同时也涉及科技、社会及经济等诸多方面，它们相互间密不可分、相辅相成。景观设计活动是人类不断寻求理想生活栖息地的过程，并形成了专门进行景观设计的学科。景观同时也是在自然景观的基础上，通过创造或改造，运用艺术加工和工程实施而形成的艺术作品，是科学技术和艺术创作的综合性工程，这种创作过程即为景观设计。

景观设计面向户外空间，以城市和乡村的开放空间为主，具体包括公园、广场、居住区环境、道路景观、街边绿地、企事业园区、滨水地带等，还包括一些以自然景观为主的空间类型，如风景旅游区、自然保护区、森林公园、乡村人居

图 1-2　景观设计对现有环境的改造

环境等。在设计过程中，设计师通过运用创造性的设计语言和设计手法，营造具有舒适体验感的空间环境以及良好视觉形态的景物造型，同时寻求科学合理的景观发展之道，解决景观发展过程中遇到的各种问题（图 1-2）。

第二节 发展历史

一、传统园林溯源

大约一万年前，在亚洲和非洲的一些大河冲积平原和三角洲地区，农业的长足发展，使人类进入了以农耕为主的农业文明阶段。果园、菜园、兽场亦分化为供生产为主的果蔬园圃和供观赏游乐为主的花园、猎苑。生产力的进一步发展，建筑技术的不断提高，为大规模兴造园林提供了必要条件。经过不同地域先民们的不断努力，加之各自不同的自然地域和文化体系，世界上逐渐演化形成几种不同的景观系统或者说是园林体系。

就目前掌握的历史资料来看，世界园林体系大致可以划分为东方园林体系、欧洲园林体系和伊斯兰园林体系。这三种体系分别起源于中国、古希腊和古代波斯帝国。

中国的园林也就是我们常说的中国山水园林，是东方造园艺术的代表，强调造园活动中自然美的提炼与表达。其造园思想主要来源于中国传统文化中"天人合一"的哲学思想。在这种思想指导下造园活动主要表现为对自然景观的效法，讲究源于自然、高于自然，使自然美和人工美融为一体，而中国造园艺术的最高境界就是"虽由人作，宛自天开"。

中国古典园林按照园林基址的选择和开发方式的不同，可以划分为人工山水园林和天然山水园林两大类型。人工山水园林是在平地上开凿水体、堆筑假山，人为创造山水地貌，配以花木栽植和建筑营构，把天然山水风景缩移模拟在一个小范围之内（图1-3）。天然山水园林是建在城镇近郊或远郊的山野风景地带，规模较小的利用天然山水的局部或片段作为建园基址，规模大的则把完整的天然山水植被环境作为建园的基址，然后再配以花木栽植和建筑营构（图1-4）。其中，由于人工山水园林造园所受的客观制约条件较少，设计的创造性得以最大限度地发挥，造园手法更为丰富，因而成为中国古典园林的代表。

中国园林的特点可以概括为四个方面：一是本于自然、高于自然；二是建筑美与自然美的融糅；三是诗画的情趣；四是意境的含蓄。中国古典园林的四个主

图1-3　拙政园——人工山水园林　　　　图1-4　颐和园——天然山水园林

要特点及其衍生的四大美学范畴——园林的自然美、建筑美、诗画美、意境美，是中国古典园林在世界上独树一帜的主要标志。

　　欧洲园林体系则强调人定胜天的思想，园林体系重点体现出人对自然的改造。在这种思想指导下，欧洲的园林逐渐发展成以建筑为主体的规则轴线式景观布局。园林中多出现修整规则的植物、几何纹样的花坛，以及整形成迷宫式的绿篱等。这一特点在文艺复兴时期又被人文主义学者和设计师发扬光大，形成了数百年的园林景观设计传统。在文艺复兴及之后的三百多年里，意大利台地园林、法国古典主义园林等先后登上了历史的舞台（图1-5、图1-6），统领了不同时期欧洲

图1-5　意大利埃思特庄园　　图1-6　法国凡尔赛宫园林

园林景观设计的潮流。尽管在 18 世纪，由于受到文艺界浪漫主义和自然精神的影响，英国出现了以表现自然景观为特征的风景式园林，但规则几何式造园传统对西方的园林景观影响深远。

伊斯兰园林是古代阿拉伯人在吸收两河流域和波斯园林艺术基础上创造的。它以幼发拉底、底格里斯两河流域及美索不达米亚平原为中心，以阿拉伯世界为范围，以叙利亚、波斯、伊拉克为主要代表，其影响力甚至到达欧洲的西班牙和南亚次大陆的印度。伊斯兰园林是一种模拟伊斯兰教天国的高度人工化、几何化的园林艺术形式，常以《古兰经》中描述的内容为主，将其反映到建筑的庭园设计中。伊斯兰园林常用绿篱、围墙将庭园围合成方直的平面形式。为把人和自然的界限划分清楚，庭园内常以"田"字形纵横轴线划分成四个区域，以林荫道或者水系分开，而交错的中心常常会设计成重要的水景，形成独特的十字形景观特点。这种园林形式与古巴比伦园林、古波斯园林有十分紧密的渊源关系。

二、 现代景观设计的形成

18 世纪下半叶爆发的工业革命和城市化运动引发了西方城市形态的重大变革，机器化大生产对于劳动力的需求引起了人类历史上最大规模的人口迁移。人们怀着对美好生活的向往纷纷从农村涌入城市，城市结构和规模都发生了急剧的改变。这种爆发性的增长速度远远超越了城市基础设施的建设速度，造成城市环境的严重恶化，引发了一系列社会矛盾和问题。

城市规模迅速扩大，城市环境不能承受如此重的负荷，绿化与公共设施异常缺乏，生存条件不断恶化。排水系统的落后和年久失修，造成了粪便和垃圾堆积以及洪水泛滥。这种状态导致疾病的大规模爆发，首先是肺结核，然后是 19 世纪 30 ~ 40 年代蔓延整个欧洲大陆的霍乱。高昂的生命代价迫使西方各国开始着手进行城市改造，改善城市环境和生活条件。这一过程不仅使城市原来的基础设施得到改善，而且还为城市配备了一些公园绿地，从而促使新的园林类型——公园得以产生。伦敦、巴黎等欧洲主要城市纷纷将原来的一些皇家园林对公众开放。在美国，则形成了以纽约中央公园建设为代表的一系列城市公园。1857年，纽约市宣布为即将建设的中央公园举办一次设计竞赛。第二年，奥姆斯特德（Frederick Law Olmsted）与沃克斯（Calvert Vaux）合作的方案赢得设计竞赛首奖并付诸实施。在中央公园之后，奥姆斯特德及其合作者们又设计了布鲁克林希望公园等一系列公园绿地，并且逐渐形成了一场声势浩大的城市公园运动。

城市公园这种新型园林类型的产生，不仅从物质生活的角度缓解了城市生存空间的恶劣状况，更重要的是在园林艺术的思想层面打破了固牢已久的"阶级"概念，使得园林不再是仅供少数人游憩的空间，逐渐形成了现代景观开放性、大众化、公共性的基本特点。因此，19世纪城市公园的出现意味着对传统园林设计思想的突破和现代景观设计思想的形成，景观设计在思想层面已经从传统园林中脱胎而出，获得了独立的存在。

进入20世纪以后，景观设计又从立体主义、表现主义、超现实主义等西方现代艺术流派中不断吸收形式语言，并且也保持着对地方自然和文化特色的尊重，从而产生了许多既具有时代感，又体现出地域特色的优秀景观作品。这也使得景观设计彻底从传统园林的窠臼中摆脱出来，形成了自己独立的形式语言和表现形态，并产生出更为强大的生命力。

中国虽然没有出现类似西方国家那样轰轰烈烈的工业革命，但是随着整个社会的发展，城市空间结构也发生了重大变化，中国古典园林同样表现出了时代的局限性，即古典园林在审美环境上具有相当程度的封闭性和排他性。中国古典园林为迎合当时士大夫阶层的审美需求，发展出了一整套小景处理的高超技巧，但由于过分着力于细微处，只适合极少数人细细品味、近观把玩。正是受这种极其细腻的审美心理的支配，中国古典园林只能成为经典的艺术欣赏品，无法真正成为优化城市环境发展的力量和解决城市环境问题的方案。所以，在新中国成立后尤其是改革开放以后，我国的景观设计顺应社会的时代特点，在传承中国传统园林设计精髓的同时，不断学习西方现代景观设计理念，使得设计作品在内涵和外延上得到了极大的丰富，并逐渐形成了具有中国特色的现代景观设计。

第三节　实践领域

当代景观设计的实践领域已经非常广泛，几乎囊括了各种类型的户外空间。本书根据景观设计的空间尺度将景观设计的实践领域划分为大尺度景观、中尺度景观以及小尺度景观。

一、大尺度景观

大尺度景观包括了自然保护区、风景名胜区、旅游度假区等的景观规划，这类景观尺度大，主要偏重于从宏观层面进行理性的分析、区域的功能定位、区内项目的可行性研究和总体空间布局（图1-7）。

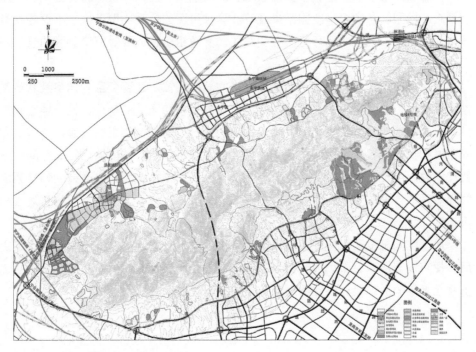

图1-7　旅游度假区平面方案

由于此类景观面积较大，不能直接进行形式设计，要先对区内的各种资源进行梳理，分析其优势特色，形成合理的功能定位和主题，再考虑区内可建设的项目，并进行总体的空间规划和路线组织。大尺度景观涉及的因素非常复杂，从规划到设计建设通常需要经过多个阶段，持续时间也比较长，只有科学规划、分步推进，才能确保项目的顺利实施。

项目的可行性研究能够提前预测和解决问题，在大尺度景观规划中，需要对每个区内项目进行可行性研究。这包括对项目的经济、技术和环境等方面进行评估，以确定项目的可行性和可实施性。通过提前预测和解决问题，可以避免在后期设计、建设和运营中出现不可预料的困难和风险。

在大尺度景观规划中，还要注意充分发挥历史人文建筑对自然生态价值的提升，因此规划必须更紧密地结合地理文化属性，为城市景观提供更多的特色和亮点。更重要的是，要深入整合区域人文资源和文化要素，结合一些特有的区域文化要素和景观，赋予景观更多的文化内涵。

二、中尺度景观

中尺度景观主要包括城市公园景观、广场景观、道路景观、居住区景观、旅游景点、校园及各类企事业园区景观等。这种尺度的景观类型多样，不仅需要有总体上的规划，考虑功能分区、空间布局、交通组织，还要对每个分区的景观进行具体设计（图 1-8）。

通过总体规划，可以进行功能和风格的总体定位，让整个空间体系具有连贯性和一致性，形成统一的整体感。根据功能的需求和场地的特点，将场地空间划分为不同的功能分区，将不同的用地和功能进行合理划分和组织。通过合理的空间布局和资源配置，可以实现空间的最优利用和资源的合理配置，提高空间的效益和活力。中尺度景观设计还需要考虑交通组织，包括道路、交通节点和交通流线等。通过合理的交通规划，可以确保交通的顺畅和效率，提高空间的可达性和可用性。

由于空间尺度和用地规模不算很大，因此在景观场地的总体空间结构确定之后，便可以直接对每个局部和节点进行形式设计，包括其中的景观建筑及小品、植物元素等的形式设计，最终形成完整的方案。

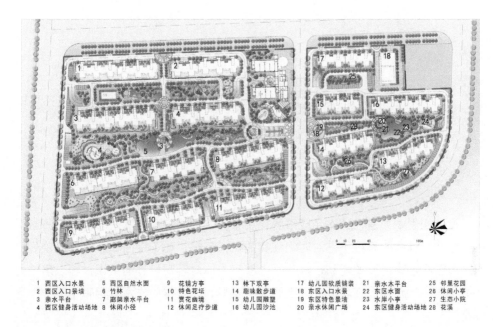

1 西区入口水景	5 西区自然水面	9 花锦方亭	13 林下双亭	17 幼儿园软质铺装	21 亲水木平台	25 邻里花园
2 西区入口景墙	6 竹林	10 特色花坛	14 趣味散步道	18 东区入口水景	22 东区水面	26 休闲小亭
3 亲水平台	7 廊架亲水平台	11 赏花幽境	15 幼儿园雕塑	19 东区特色景墙	23 水岸小亭	27 生态小院
4 西区健身活动场地	8 休闲小径	12 休闲足疗步道	16 幼儿园沙池	20 亲水休闲广场	24 东区健身活动场地	28 花溪

图1-8 居住区景观平面图

三、小尺度景观

小尺度景观包括建筑外环境、庭园花园、景观建筑和小品等。由于尺度小、功能简单，这类景观更加偏重于发挥感性思维进行创意设计。

小尺度景观在城市中分布非常广泛，可以为人们提供丰富而精致的休憩交往空间。城市的更新需要小尺度的景观环境，尤其在建筑密度高的老城区，见缝插针的口袋公园和点缀于街头巷尾的景观艺术小品，对于提升城市形象和生活品质都有重要的意义。

小尺度景观由于承载的功能较为简单，主要是供人们日常观赏和休憩交流，因此在设计中更侧重于思考如何用富有创意的形式满足人们的这些需求。比如美国纽约的佩雷公园，占地仅 390 m²，采用简单的空间组织、树阵广场空间、轻巧的景观小品和一面瀑布景墙，通过水声屏蔽了来自城市环境的噪音，为喧哗的都市提供了一个安静的城市绿洲。

小尺度景观设计，注重对植物、地形、水体、铺装、景观小品等进行创意设计，使其在空间设计过程中能够得到协调统一的效果。同时，小尺度景观设计强调丰富的趣味与细节，形式简约但不失精致，紧密结合当下的技术、材料、施工工艺与造价条件，突出"个性化"特点，满足应有功能和审美需要。

第四节　基本技能

一、 设计构思能力

设计构思能力是设计作品成败的先决条件，它决定了方案是否合理可行且具有个性。设计师的思维不是对客观现实的机械反映，也不是简单、重复的映像，而是对客观事物再造的能动过程，其中就有主体对客观世界的认识过程。思维方式的不同会导致创作在表达上存在明显的差异，思维与创作两者相辅相成、不可分割。

设计师的思想与灵感并非无源之水、无本之木，而是需要一定的理论素养和长期的设计实践作为支撑。在很多设计千篇一律的今天，注重个性、注重设计差异的趋势越来越明显。一个具有创作个性的设计，一定是结合了自己独特的思想观念，具有一定的理论依据，包含着设计者的文艺素养。比如，要让设计更好地满足人的行为需求，就需要掌握环境行为学的相关知识；要营造四季变换的植物美景，就需要掌握植物学的相关知识；要让设计要素适合人的尺度，就需要掌握人体工程学的相关知识等等。优秀的设计作品在其个性化的形式背后，均包含着设计师对项目方方面面的思考及其对于设计的独特理解。可以说，出色的设计构思能力离不开设计师的理论素养和长期实践。

因此，设计构思能力的培养要求我们在学习阶段就要有意识地阅读专业书籍，充实自己的理论知识，日积月累，在设计中才会逐渐形成独特的设计构思。如果只是满足于会画图，把画图当成了本职工作，被二维表现迷惑了眼睛，所做出来的设计就会像空中楼阁一样经不起推敲。

二、审美鉴赏能力

审美鉴赏能力是指主体在审美鉴赏活动中对审美对象进行鉴别、理解和评价的能力。审美鉴赏是在审美感知的基础上加上理性的充分参与而进行的，需要调动想象、思维、情感等心理因素，特别是依据一些明确的专门化的审美标准去鉴别审美对象，然后从中获得美的享受。

景观设计并不是单一的、孤立的创作活动，而是很多学科的交集，与人文、社会、心理、美学、哲学等领域都有着千丝万缕的联系。景观设计需要面对和处理的是人与人、人与环境的关系，因此景观作品的审美鉴赏并不能仅仅停留在视觉层面，而需要从环境、社会、经济、人等多方面去考量。

从微观角度来说，景观设计是对三维空间的设计，所以对于景观作品的评价并不能单纯地用眼睛去看，更应该结合身体的感受与体验。比如一处构图优美的广场，假如没有绿树遮阴，到了夏季也很难将其与美联系起来。因此，景观设计师的审美鉴赏能力不能仅仅停留在对优秀作品照片的欣赏，而应身临其境去体验实际环境的身体感受。只有多去实际环境中体验和感受，设计师才能形成对空间的敏感性，比如对尺度、比例、色彩等方面。对这些方面的判断，虽然很难用纯粹理性的推理得到，但优秀的设计师可以凭借其审美鉴赏能力做出合适的选择与判断。

审美鉴赏能力的提高，除了要充实必要的美学知识，还应该多去实际环境体验优秀的景观作品，感受这些作品如何解决场地的问题、如何满足人的需求，以及如何体现地域文化特征。

三、设计表现能力

景观设计的方案阐述一直以来都是景观设计服务过程中最为重要的环节之一，它是设计师向设计需求方阐述设计想法、叙述设计思路的过程，方案表达的效果将直接影响设计最终是否被采纳。设计表现是将设计想法和概念转化为具体形象的手段，旨在通过视觉和感知方式来传达设计师的意图和设计思想，优秀的设计师善于运用手稿、草图等方式快速表达设计思想。

设计表现能力可以帮助设计师与客户和项目团队之间进行有效沟通和交流。通过使用可视化的工具和技术，设计师可以将设计想法以直观的方式传达给客户，并帮助客户更好地理解和感知设计方案。这有助于消除沟通障碍，确保设计需求和期望得以满足，从而建立起更为良好的合作关系。

设计表现能力实质上就是实际空间与二维平面之间的一一对应关系，简言之，就是纸上画的一笔能否准确表现实际在空间中给人的感受。虽然现在计算机甚至AI技术可以分担很多设计表现方面的工作，但仍然要基于设计师对尺度、细节的准切拿捏。只有设计师对于设计中各个细节都考虑到位，图纸表现才更能具有说服力（图1-9）。

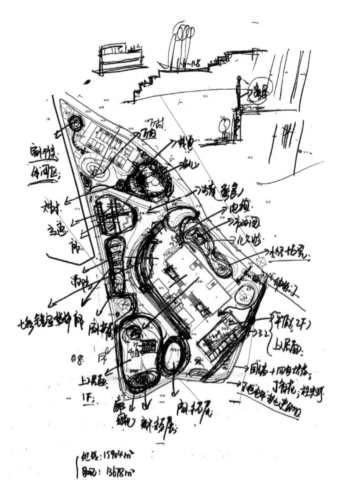

图 1-9　设计快速表现

四、团队合作能力

　　景观设计是一个复杂的过程，往往涉及水电、结构、建筑等多个专业，需要多专业人员的协作完成。因此，景观设计团队的合作能力对于一个设计项目的成功与否至关重要。一个完整的景观设计项目往往需要多个专业领域的知识和技能，团队成员的合作可以充分利用各自的专业知识，共同解决复杂的设计问题，确保设计方案的质量和可行性。

在团队合作中，设计小组内部、设计小组与其他专业工种之间，都应随时保持良好的沟通和协调，从而充分利用各个团队成员的专业知识和经验，提高工作效率和质量，促进方案的创意和创新。只有团队成员之间紧密合作，才能取得良好的设计成果。

　　在学习阶段就可以通过分组研讨、分组设计等形式培养团队合作的意识和能力。首先应该具备积极参与团队的意识，与小组成员共同踏勘现场、搜集和分析资料，进行方案构思，互相激发设计灵感；其次还要分工明确、划清责任担当，并与团队成员进行信息共享、利益共享。一个好的团队并不是人人都是万能的，每一个成员都有自己的闪光点，也有自己的短板，应取长补短，互相交流学习，共同进步。

第二章
景观设计的基本要素

第一节　地　形

地形是所有室外活动的基础，是地物形状和地貌的总称，指地球表面三维空间的起伏变化，它既是一个美学要素，又是一个实用要素。景观设计需要依托于大地，地形的高低开阖决定了景观环境的基础骨架，它对景观中其他自然设计要素的作用和重要性起支配作用。无论是景观中的山地、丘陵，还是园林中的池水、溪泉，都应充分利用其本身的地形，以构成佳景。正如《园冶》所说："惟山林最胜，有高有凹，有曲有深，有峻有悬，有平有坦，自成天然之趣，不烦人事之工。"在景观设计的过程中，如果设计师了解场地环境的特点，熟悉土地的性状，在设计中本着"因地制宜"的原则进行适当改造，发挥地形和地貌的优势，往往会使设计方案产生事半功倍的效果。

一、 地形分类

地形在室外环境中有许多的使用功能和美学功能，这些作用在设计中非常普遍。设计师根据地形的具体情况结合场地的位置、大小、形状、高深、空间关系等的整体关系进行总体布局。总体来说，地形可以分为三种类型：

1. 平坦地形

平坦地形是所有地形中最简明、最稳定的地形，具有一种强烈的视觉连续性和统一感。其具体特征表现为，无封闭性和私密性，能创造一种开阔的、空旷的、暴露的感觉。任何一种垂直线形的元素，在平坦地形上都会成为一个突出的元素，并成为视线的焦点（图2-1）。

2. 凹地形

凹地形比周围环境的地形低，视线通常较封闭，空间呈积聚性（图2-2）。这样的地形可以积水，经常被应用于雨水收集或作为水体景观。特别是在夏季，这些凹地形区域可能因为冷空气沉降而显得相对凉爽。更进一步，它们提供了一种封闭和私密的空间感，从而使人们在其中感到更加安全和宁静。此外，凹地形还可以作为噪声屏障或对风的遮挡。在具体应用上，凹地形常用于雨园、

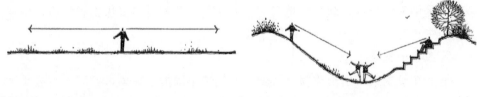

图 2-1　平坦地形特点

图 2-2　凹地形特点

池塘或湿地的设计，也可以作为观景台或座椅区的设置。它们是孩子们的理想游戏区域，如沙坑，还特别适合噪声敏感地区或需要风保护的地方。

3. 凸地形

此类地形比周围环境的地形高，它形成了高起的地区，并展现出一个相对于周围地面的凸出形态（图 2-3）。这样的地形视线开阔，具有延伸性，使人能够俯瞰远处的景观，而且由于在冬季能接受更多的阳光，凸地形地区可能会更加暖和。同时，凸地形带给人们一种开放的感觉，并能增强地标性，通常被用作导视或景观的焦点。

二、地形在景观设计中的作用

1. 造景作用

地形的利用可以更好地美化园林，使园林空间的使用更加合理，同时也可以塑造出更多的空间。此外，地形还可以用于植物造景上，例如在对植物栽植时，通过利用地形能够顺利地让植物高度得到提高。这样一来，既让园林的艺术感提高了，也让园林的景观更加丰富了（图 2-4）。绿化植物多样性成长的重要

图 2-3　凸地形特点

图 2-4　植物与地形的关系

条件就是地面的起伏，起伏的地形可以为更多的植物种群提供生长环境，使各类植物生长空间都能够得到更好的保障。

2. 改善小气候

地形在景观中可用于改善小气候，能创造不同的小环境，并可影响园林某一区域的光照、温度、风速和湿度等。不同季节要考虑不同地形的光照和风速。例如，冬天人们就喜欢到山坡的阳面晒太阳，而夏季人们则喜欢到山坡阴面乘凉。所以，我们应该合理并综合地考虑这一场地的各种环境因素来利用地形。

3. 分隔空间

地形具有构成不同形状、不同特点的景观空间的作用，地形是天然用来分隔空间的工具，盆地和谷地本身就是直接被地形分隔出来的独立空间，而且坡度越高越陡，则空间限制力越强（图2-5）。对于通过地形分隔空间的手段主要是对以下三个要素的控制：空间的底面范围、斜坡的坡度、地平轮廓线。景观设计师应该利用这三个要素来创造不同的空间形式，例如利用斜坡的坡度来控制空间的封闭性形成私密空间或开阔的空间。

4. 利用地形"挡"和"引"

地形的起伏不仅丰富了园林景观，还创造了不同的视线和观景条件，形成不同的空间效果。地形能在景观中将视线导向某一特定点，影响可视景观和可见范围。例如，为了突出焦点景物，把视线旁边的两侧地形增高（图2-6）。又或是抬高某一地形，强调一个特殊景物，让人们更容易注意到。不仅如此，还可以利用地形来阻挡视线、人的行为、冬季寒风和噪声等，但这种做法必须使地形达到一定规模和体量。例如，对不雅景观或不愿意让人们关注的景观，通过塑造地形让其屏蔽。

图2-5　地形对空间的分隔作用

图2-6　利用地形引导视线

三、地形设计方法

1. 平坦地形设计

平坦地形可为人们提供清晰、开放和可聚集的空间。但是由于地形变化小，所以长时间观看会给人乏味之感，设计者往往需要通过颜色鲜艳、体量巨大、造型夸张的构筑物或雕塑来增加空间的趣味，或通过构筑物强调地平线和天际线水平走向的对比来增加视觉冲击力；也可以通过植物或者构筑物进一步划分空间。设计时，要保证地面坡度为 1% ~ 2% 以避免积水，并设置排水系统，如线性排水沟和透水铺装。

2. 凹地形设计

凹地形周围的坡度限定了一个较为封闭的空间，这一空间在低凹处能聚集视线，可精心布置景物。凹形地貌坡面既可观景，也可布置景物，其自然的封闭性适合设计具有私密性的空间区域。在选择植被时，需要考虑凹地形的微气候特性及季节性变化，同时确保湿滑或高流量区域如池塘和游玩区的地面具有良好的防滑性能。与其他地形或功能区交接时，采用植被、石材或木制品作为自然过渡。总体来看，凹地形为园林景观增添了丰富的空间体验并满足了以内倾性为主导的功能需求。

3. 凸地形设计

凸地形在设计中为景观带来了动态感和层次性，人们可以从凸地形上享受到广阔的视野。它一方面可被组织成为观景之地，另一方面因地形高处的景物突出，也可被组织成为造景之地。同时，必须注意从四周向高处看时地形的起伏和构筑物之间所形成的构图及关系，还要注意建筑物和构筑物的形态特征要有特色，以便形成这一区域的地标。同时，为确保安全性，需要考虑设置挡土墙或护坡来保证坡面稳定性。在植被的选择上，推荐选择深根的灌木和草本植物，以帮助固定土壤和防止侵蚀。

4. 微地形设计

微地形是景观中细微高差的设计技巧，赋予景观丰富的趣味性和层次感。通过微地形设计，一个相对平坦的空间可以呈现出 0.5 ~ 1.5 m 的层次变化。微地形景观处理时，应从原地形现状出发，根据原有的地形条件，对场地进行合理的改造（图 2-7）。尽量模拟自然地形，依低挖湖、居高堆山或者对场地进行适当整理，体现自然的景观效果。微地形的设计，还应注意通过控制景观视线来营造不同的景观空间类型。比如在周边环境条件较好的区域，地形可以放缓以打开视线，在周边环境需要屏蔽的区域，可以适当加高地形形成内聚性空间，在选择植物时也要兼顾其与微地形的适应性（图 2-8）。

图 2-7　结合原有地形进行微地形设计　　图 2-8　利用微地形构成的内聚性空间

第二节 水 体

人类自古喜欢择水而居，不论在东方或是西方，利用水体造景的历史都源远流长。早在中国古典园林设计中就有"无水不成园"的说法，而最早形成"一池三山"造景的皇家园林模式也奠定了水在人们心目中的地位。水体在园林景观设计中是核心元素，具有多重价值。它与植被、石材和建筑结合时，成为景观焦点，其静态与动态的特性增强了园林的审美魅力。对游客而言，水的存在也带来心灵的放松和治愈。生态层面上，水体丰富了生物多样性，调节微气候，并在某些环境中实现雨水循环利用。功能层面上，水体为游客提供了休闲机会，某些地方还具有灌溉和导向作用。文化层面上，水体往往象征生命、纯洁和再生，融入景观的历史和典故之中。所以，不管景观设计的风格如何多变，水体景观的营造几乎都是不可或缺的。

一、水体分类

1.静态水体

静态水体在园林景观设计中扮演着不可或缺的角色，提供了一系列的审美、生态和功能性价值。

池塘：作为园林中的一种小到中型静态水体，池塘常被巧妙地融入设计之中，成为优美的视觉焦点。除了提供审美享受，它也有助于维持生态平衡，为鸟类、昆虫和小型水生生物提供栖息地，使园林的生态环境更加丰富和活跃（图2-9）。

湖泊：相比池塘，湖泊通常具有更大的面积和深度，可以是天然形成的或由人工建造。湖泊不仅作为一个重要的视觉元素，还为游客提供了诸如划船、钓鱼等娱乐活动的机会。湖泊的存在也有助于调节园林内的微气候，为周围的植物和动物创造一个舒适的生活环境。

反射池：这是一种特殊设计的水体，通常面积不大但水面平静，主要目的是为了反射周围的景观——无论是雄伟的建筑、艺术雕塑还是优美的植被。通过反

图 2-9 池塘

图 2-10 反射池

射，池水不仅能够双倍地展现园林的美景，还可以为场所营造一种宁静、和谐的氛围（图 2-10）。

蓄水池：它是园林中为了储存和调节水资源而设计的静态水体。蓄水池不仅确保园林在干旱时期有足够的水源，也可能为园林的灌溉系统或其他水体提供补给。此外，蓄水池的设计也可考虑到雨水收集和利用，从而实现水资源的可持续利用，减少对外部水源的依赖。

2. 动态水体

动态水体是指具有运动特征的水体，通常水位较浅，有活泼、灵动之美，常作为景观中的点睛之笔。常见的动态水体包括溪流、瀑布、跌水、喷泉等形式，给人以活泼、明快的氛围感。在园林景观中，动态水体具有串联景观空间、引导视线、形成构图焦点等不同的功能作用。在景观设计中我们常用到的主要是小体量的溪流、瀑布、跌水、喷泉、涌泉等动态水体形式（图 2-11、图 2-12）。

溪流：溪流是自然山水的一种常见形式，在园林中溪流两岸奇石嶙峋，水体形式曲折狭长，贯穿整个环境中。溪流中水草交织，时隐时现，整个空间形态生动、活泼、自然。在园林景观中，溪流可以起到穿针引线、引人入胜、串联起整体园林构图的作用。

瀑布、跌水：水从高水面跌落到低水面形成的跌落型水景形式，由于地形高差以及跌落方式不同，使得水景造型变化多样。跌落型水景常常作为节点和视觉焦点景观，具有独特的动态景观效果，它们或气势恢宏，或小巧玲珑，最常见的形式是瀑布和跌水。瀑布是指水从悬崖或陡坡上倾泻下来而形成的水体景观，具有较大落差，因出水口的不同形式，形成不同的落水形态，如线状、点状、帘状

图 2-11　瀑布　　　　　　图 2-12　跌水

和散落状。瀑布多与假山、溪流等结合，它更适合于自然山水园林和中国古典庭院景观里。中国古典小说诗词中的水帘洞等就是创造的一种人和瀑布、山水紧密相联的范例，让人产生"桃花尽日随流水，洞在清溪何处边"的疑问，引人探索，又有弦外之音。

跌水是通过阶梯状的跌水构筑物所形成的跌落型水景形式，多与建筑、景墙、挡土墙等结合。通过台阶高低、层级多少、跌落造型等使得跌水造型灵活多变。跌水具形式之美和工艺之美，其规则整齐的形态，比较适合于简洁明快的现代园林和城市环境。

喷泉、涌泉：水在一定的外力作用下形成的喷射或涌动，具有特定形状的水体造型。喷泉是园林中常见的水景类型，指由地下喷射出地面的泉水，特指人工喷水设备。主要是以人工形式在园林景观中运用，利用动力驱动水流，根据喷射的速度、方向、水花等创造出不同的喷泉状态。涌泉是指水由下向上冒出，不作高喷，使水形成丰满的白色膨胀泡沫，涌动不息。

二、水体的作用

1. 基底作用

大面积的水面视野开阔、坦荡，有衬托驳岸和水中景观的基底作用。当水面不大，但水面在整个空间中仍具有面的感觉时，水面仍可具有倒影岸边景物的作用，以扩大和丰富空间。

2. 系带作用

水景具有将不同的园林空间、景点连接起来产生整体感的作用，也具有将不同平面形状和大小的水面统一在一个整体环境之中的能力。无论是动态的水还是静态的水，都能因共同具备水景的特征而产生整体的统一。

3. 焦点作用

喷泉、跌水等动态水景因其变化的形态和声响能引起人们的

图 2-13　水的焦点作用

注意，吸引游人的视线。在设计中除了要处理好它们与环境之间的尺度和比例关系外，还要考虑它们所处的位置。应将水景放在空间的中心或视线的焦点上，或容易被人发现和观赏的地方（图 2-13）。

4. 改善作用

人本身具有亲水近水的特性，水景的设计提供给人们放松的场所，净化人烦躁的内心，同时也可以对于场地小气候进行改善，增加景观的自然性。

三、水景设计方法

为了让水景设计更具深度和吸引力，可以采取多元和灵活的设计方法，包括融合动静元素、合理选择植物，以及其他多方面的考虑。

1. 动静结合以增强观赏性和活力

在水景设计中，动态和静态元素都有其独特的作用。例如，喷泉和瀑布提供视觉和听觉的刺激，而湖水和涌泉则为观赏者提供了一种宁静的感觉。当这些元素恰当地组合在一起时，它们不仅增强了水景生态的观赏性，还让整个景观更加生动。举例来说，在一个静态的自然背景中，通过添加阶梯式人造瀑布，可以使水景与静态景观更好地融合。这种融合不仅提高了静态景观的观赏性，而且通过自然景观的形态和色彩，进一步提升了水景的活力。

2. 供水方式的综合选择

水景的成败在很大程度上取决于供水方式。这需要考虑地形、园林环境和要

展示的水景类型等多个因素。例如，如果设计目标是一个悬崖式瀑布，那么就需要利用假山的高度差，并采用循环高位供水方式。因此，设计师需要根据业主的需求和现场的具体条件，灵活地选择合适的供水方式。

3. 动植物的视觉和生态搭配

图 2-14　拙政园香洲

从美学和生态两个角度出发，合理的动植物搭配能够丰富水中的视觉空间并改善水质。首先，动物的选择应侧重于观赏性强的水生物，同时考虑到当地的气候和生态条件。其次，植物的选择虽以水生植物为主，但也要兼顾植物间的密度和色彩搭配，以及与岸边非水生植物的关系，以营造丰富的视觉层次和深度。

4. 水景建筑物和小品的艺术处理

常见的水景建筑如亭台、楼阁、亭榭和桥梁等，需要从美观、质量和安全三个方面进行考虑。除了选择经过严格防腐处理的材料外，还可以在建筑物的造型与装饰上下功夫，体现水文化，以增加其艺术价值。比如，苏州拙政园的香洲将临水建筑处理成船厅的形式，与水面结合在一起极有意境（图2-14）。

5. 山水相融的综合设计

当山体的静态美和水体的动态美两者相互结合时，能创造出一种独特而引人注目的美感。通过在水中合理地布置景观石、驳岸、假山等元素，可以使山水景观更加灵活多变。中国传统园林极其注重山水格局的营造，有条件的场地都要形成山环水绕、山水相依的景观格局，切忌将山、水人为划分成孤立的元素。

第三节　植　物

随着生态景观建设的深入和发展，以及景观生态学等多学科的引入，植物景观的内涵也随着景观的概念范围不断扩展。这时，我们再来考虑植物这一景观要素时，除了植物本身的观赏特性和搭配特点外，还应深入思考如何把植物的观赏特点和生态效益有机结合起来。

一、 植物分类

1. 乔木

乔木是指树身高大的木本植物，由根部发生独立的主干，树干和树冠有明显区分。有一个直立主干，且通常高达六米至数十米的木本植物称为乔木。主要特征是树体高大，具有明显的高大主干。又可依其高度而分为伟乔（31 m 以上）、大乔（21 ~ 30 m）、中乔（11 ~ 20 m）、小乔（6 ~ 10 m）等。

2. 灌木

灌木指那些没有明显的主干、呈丛生状态、比较矮小的木本植物，一般可分为观花、观果、观枝干等几类。灌木一般为阔叶植物，也有一些为针叶植物。

3. 藤本植物

藤本植物是指那些茎干细长，自身不能直立生长，必须依附他物而向上攀缘的植物。

4. 草本植物

草本植物是指茎内的木质部不发达、含木质化细胞少、支持力弱的植物。草本植物体形一般都较矮小，寿命较短，茎干软弱，多数在生长季节终了时地上部分或整株植物体死亡。根据完成整个生活史的年限长短，分为一年生、二年生和多年生草本植物。

5. 水生植物

能在水中生长的植物，统称为水生植物。水生植物是出色的游泳运动员或潜水者。叶子柔软而透明，有的形成丝状，如金鱼藻。丝状叶可以大大增加与水的接触面积，使叶子能最大限度地得到水里很少能得到的光照，吸收水里溶解得很少的二氧化碳，保证光合作用的进行。

二、植物在景观设计中的作用

在现代景观设计领域中，植物起到了不可忽视的关键作用，其深远的影响可以从以下几个方面来具体描述和解读：

图 2-15　植物作为视觉中心

1. 塑造视觉中心

植物的种类之多，造型之独特，色彩之丰富，都使它们具备了极高的自然欣赏价值。当我们经过精心策划和搭配，就能将其转化为各式各样的视觉中心，比如鲜花簇拥的小花园、四季常绿的林荫小径，或是一片如茵的草坪（图 2-15）。

2. 构建多样化的氛围

选择不同的植物并采用多种配置方式，能够为场地塑造出各种各样的环境氛围。例如，茂盛的地被植物与小巧的灌木群相结合可以呈现出轻松愉悦的环境；而一片巍峨壮观的乔木林，则能带给人们一种深邃、安详的感受。

3. 营造空间的层次与变化

通过在设计中巧妙地应用植物，我们可以创造出丰富的视觉体验，增强空间的层次感，使其更具有动态和吸引力。例如，使用植物对空间进行适当地划分或连接，从而使得景观设计呈现出层次感和变化性。

4. 展示四季的变换魅力

植物会随着季节的更替展示出不同的季相特征。春天的嫩叶、夏季的鲜花、秋天的色叶和冬季的枝丫，都为景观设计增添了四时之美，使其生机勃勃、充满活力。

5. 加强创意元素

当我们利用植物的各种特性，如形态、色调、香气等，我们就能构建出有创意的、如诗如画的景观空间，为人们提供一种独特的自然体验。

6. 推动生态平衡与健康

植物具备为环境提供氧气、净化空气和调节温度的能力。因此，在景观设计中，植物的合理配置不仅能提高生态效益，还能够为市民打造一个健康、舒适、和谐的环境。

三、植物配置设计形式

1. 孤植

孤植是园林中树木配置的一种种植方式，主要表现树木的个体美，包括树冠、颜色、姿态等。孤植树多为主景树，一般选择株形高大、树冠开展、形态优美的树种。孤植树的构图位置应突出，常配置于大草坪、林中空旷地（图2-16）。

在古典园林中，假山旁、池边、道路转弯处也常配置孤植树，力求与周围环境相调和。常用树种有：鸡爪槭、七叶树、银杏、樟树、枫香、玉兰等。

2. 对植

对植是园林中一种特定的种植方式，即在某空间选择两株性状、大小和形态相似的植物，并对称地种植在两侧，旨在实现视觉上的对称和平衡。通过对植，可以引导观者的视线至空间中心，赋予空间严肃和庄重的氛围，如办公建筑入口、道路中心或桥梁两侧（图2-17）。选择对植植物时，应考虑其生长速度和维护需求，确保两株植物随时维持相似的外观。常见的对植植物如香樟、海桐、石楠等常绿乔灌木，它们在各季节均能展现稳定的视觉特征。

图2-16 孤植

图2-17 对植

3. 列植

列植在园林中是一种常见的种植方式，主要指按照一定的线形规律连续种植同种或几种植物，从而形成一个明显的线条或方向感（图 2-18）。这种配置方式的目的是引导视线，强调空间的纵深感，或与其他种植方式结合，产生层次变化。由于其连续性，列植在景观中很容易成为重要的指导元素，常用于道路边、河流岸边或建筑物的侧面，帮助界定和强调空间结构。选择列植的植物时，通常选取生长速度相对一致、外观和形态统一的植物，这样可以确保列植效果的统一性和连续性。

4. 丛植

丛植是自然式种植中最为常见的一种种植方式，通常是将 3 ~ 10 株的同种或不同种植物种植在一个空间内，以形成一个小型但富有层次感和视觉吸引力的自然组团（图 2-19）。丛植要求强调植物之间的组合，但其更注重植物间的对比和差异，如颜色、纹理和形态的交互作用。这种配置方式的目的是在有限的空间内创造出丰富和多变的景观效果。选择适合丛植的植物时，要考虑其生长习性、需求和兼容性，确保它们能够和谐地在同一个空间内共同生长。在进行丛植时，应该以不等边三角形、四边形或多边形为构图原则，植物个体在外形和姿态方面应有所差异，既要有主次之分，又要相互呼应。在组合搭配上要紧凑，具有整体感，切忌松散，最好形成乔、灌、草的搭配组合，既能突出主体，又能形成层次感（图 2-20）。

图 2-18　列植

图 2-19　丛植

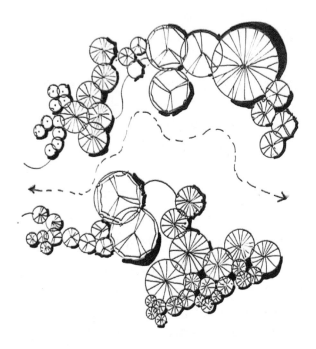

图 2-20　丛植的平面形式

5. 群植

群植是通过将相同或相似的植物聚集在一起种植，以形成一个相对集中的树林区域，强调一个区域的视觉重点或提供视觉上的丰富性。这种种植方式旨在模仿自然环境中植物的生长习性，从而营造出一种自然而和谐的植被群落。群植所用的植物数量较多，通常在 10 株以上，具体数量取决于空间大小、观赏效果等方面。自然式的群植在植物栽植时应有疏有密，做到画理所说"疏可走马，密不容针"，林冠线和林缘线要有高低起伏。为了达到最佳的效果，选择的植物应该有相似的生长条件和需求，这样它们可以和谐共生并且快速覆盖土地，形成丰富的景观效果。

第四节　铺　装

铺装是指在环境中运用自然或人工的铺地材料，按照一定的方式铺设于地面形成的地表形式。它是景观中非常重要的构景要素，通过独具匠心的合理搭配色彩、质感、构型和尺度关系，形成优雅的铺装景观，提高整体环境空间的文化品位和艺术质量。

一、 常见铺装材质分类

铺装根据其使用材料的不同，主要分为整体路面、块材路面和碎材路面三大类。下面将对常用的铺装种类进行介绍。

1. 整体路面

（1）沥青类铺装

沥青类铺装具有表面粗糙不易滑倒、吸收噪声、大面积施工快速高效等优点，在景观道路铺设中得到大量运用，如公园道路铺装、儿童活动场地铺装等。考虑到园林观赏性，景观铺装中多数使用彩色沥青增加趣味性和景观性，其主要是指添加了颜料或使用了彩色骨料的沥青铺装。

（2）混凝土类铺装

混凝土类铺装比较适合在无固定形态的铺装中，施工快速方便，造价相对较低且无需过多的养护。但是它透水性相对较差，故而使用此种材料时应考虑具体场地。目前，在园林景观中常用水洗露出工艺，即指在混凝土板浇筑后，采用表面喷洒缓凝剂和洗刷机械，将表面水泥浮浆洗刷掉露出骨料的做法。这种铺装通常色彩亮度较低，效果柔和，适用于与旧有建筑相匹配的文化保护区、科技文教区等。

2. 块材路面

块材路面是园林中最常使用的路面类型。它是指利用规则或不规则的各种天然、人工块材铺筑的路面，材料包括强度较高、耐磨性好的花岗岩等石材、陶瓷砖、预制混凝土块等。这种类型铺装坚固、平稳，适合人们行走，多用于人行道或小型车辆的行车道等。

景观中常利用形状、色彩、质地各异的块材，通过不同大小、方向的组合，构成丰富的铺装图案。这种路面不仅具有很好的装饰性，还能增加路面防滑性能，减少反光等物理性能。其中对于铺设时留缝较宽的块材路面和空心砖路面，还可利用空隙地植草，形成生态型路面。

（1）自然材料

自然材料指取自自然，直接简单处理应用的材料，如河滩石、卵石、原木等，常用作园林路面、汀步等仿自然风格的园林设计中（图2-21）。

（2）半自然材料

自然材料指取自自然，但经过人工加工过，不改变材料的自然特性的铺地材料，如花岗岩、板岩、青石等块材石材。这类材料在景观中使用最多的是石材铺装，

图2-21　河滩石铺砌的汀步　　　　　　图2-22　不同色彩花岗岩的组合铺砌

无论是具有自然纹理的石灰岩，还是层次分明的砂岩，或者质地鲜亮的花岗岩，都具有很强的装饰性和耐用性。在具体的设计中，景观设计师喜欢利用石材的不同品质、色彩、石料饰面及铺砌方法能组合出多种形式。在景观中常用的石材面层有光面、拉丝面、火烧面、荔枝面、剁斧面、菠萝面、自然面等（图2-22）。

（3）人工材料

人工材料指通过人为加工形成的铺地材料，多为各种类型的砖块材料，用于路面、停车场等铺地中（图2-23）。

图 2-23　陶土砖铺砌的路面　　　　　　图 2-24　卵石与碎砖拼花铺地

3. 碎材路面

碎材路面是指利用碎（砾）石、卵石、砖瓦砾、陶瓷片、天然石材小料石等碎料拼砌铺设的路面，主要用于庭园路、游憩步道。由于材料细小，类型丰富，可拼合成各种精巧的图案，能形成观赏价值较高的园林路面，江南的私家园林里常见的传统花街铺地即是一例（图 2-24）。

碎（砾）石包括了三种不同的种类：机械碎石、圆卵石和铺路砾石。机械碎石是用机械将石头弄碎，再根据碎石的尺寸分级。圆卵石是在河床和海底被水冲刷而成的小卵石，常用来作碎石拼花。铺路砾石是尺寸在 15 ～ 25 mm 由碎石和小卵石组成的天然材料，嵌入基层中，通常用在有一定坡度的排水系统。

二、铺装设计方法

1. 铺装色调设计

（1）同一色调配色

在设计中为了强化表现力，往往会同时运用多种铺装材料，如果忽视色调的调和，将会大大地破坏园林的统一感。如在同一色调内，利用明度和色度的变化来达到调和，则容易得到沉静的个性和气氛。如果环境色调令人感到单调乏味，则地面铺装可以在同一色系中通过纹理的变化丰富空间环境。

（2）按近似色调配色

按近似色配色时要注意两点：一是要在近似色调之间决定主色调和从属色调，两者不能同等对待；二是如果使用的色调增加了，则应减少造型要素的数量。

（3）按对比色调配色

对比色调的配色是由互补色组成的。对比色的运用给环境增加了活泼欢快的氛围，尤其在一些强调俯瞰效果的场地，对比色铺装给人较强的视觉冲击力。

2. 铺装质感设计

（1）质感的表现

质感的表现必须尽量发挥材料本身所固有的美。如设计中应体现花岗岩的粗犷、鹅卵石的圆润、青石板的大方等不同铺地材料的美感。同时也利用不同质感材料之间的对比形成材料变化的韵律感。

（2）质感与环境的关系

质感与环境有着密切的关系。铺装的好坏不只是看材料的质量，还取决于它是否与环境相协调。在材料的选择上，要特别注意与建筑物的调和。

（3）质感调和的方法

质感调和的方法要考虑统一调和、相似调和及对比调和。统一调和要注重图案或色彩的变化，避免单调，对比调和则要注重减少色彩的变化。

（4）铺地的拼缝

铺地的拼缝在质感上要粗糙、刚健，以产生一种强的力感。否则，如果接缝过于细弱，则显得设计意图含糊不清。而砌缝明显，则易产生漂亮、整洁的质感，令人感到雅致而愉快。

（5）质感变化

质感变化要与色彩变化均衡相称。如果色彩变化多，则质感变化要少一些。如果色彩、纹样均十分丰富，则材料的质感要比较简单。

3. 铺装构形设计

（1）重复形式

构形中的同一要素连续、反复，有规律地排列谓之重复，它的特征就是形象的连接。重复构形能产生形象的秩序化、整齐化，画面统一，富有节奏美感。同时，由于重复的构形使形象反复出现，具有加强对此形象的记忆作用。

（2）渐变形式

大小渐变是基本形从起始点至终点，渐次由大到小或由小到大的变化，这种变化可以形成空间的韵律感和深远感。对基本形进行排列方向的渐变，可以加强画面的变化和动态感。

（3）整体形式

在铺装设计中，尤其是广场的铺装设计，有时还会把广场作为一个整体来进行铺装的整体性图案设计。

4.铺装图案纹样

在景观营建中，铺装的地面以它多种多样的形态、纹样来衬托和美化环境，增加园林的景色。纹样起着装饰地面的作用，而铺地纹样因场所的不同又各有变化。一些用砖铺成直线或平行线的路面，可达到增强地面设计的效果（图2-25）。

图2-25　铺装设计图案

第五节　景观建筑与小品

各类景观建筑与小品尽管名目繁多，但是总体而言都是直接或间接为人们休息游览活动服务的。与一般建筑相比观赏性更强而功能性较简单，包括亭子、廊架、水榭、观景楼阁等。景观建筑通常根据景观环境和使用需求进行设计与布局，它们是建筑与景观相互融合的产物。景观小品主要是指用于装饰、点缀和衬托环境的小型元素，包括雕塑、景墙、室外艺术装置、喷泉、假山、花坛、水池等。景观小品一般体量小巧，以美化景观环境、丰富景观层次和强化景观氛围为主要目的。

一、常见的景观建筑与小品

1. 亭

亭是中国传统园林建筑的一种，通常用于观赏、休息和避雨等。亭子通常为开放性建筑，没有墙壁，只有柱子支撑着顶盖，使得人们在亭内可以欣赏周围的景色。

根据不同的风格和形状，亭可以划分为多种类型。其中，四角亭是最常见的类型，它的顶盖由四个角支撑，形成四个倾斜的面。六角亭、八角亭的形状更加复杂，通常具有更多的装饰元素。另外，还有圆形亭、多边形亭等多种类型，根据不同的设计和地形要求，可以选择不同类型的亭子来适应不同的环境和需求。

2. 廊

廊是指连接两个以上建筑物或景观设施的通道，通常由柱子支撑，形成一条沿直线或曲线延伸的长廊。廊不仅可以起到遮阳、避雨等实际作用，还可以为园林景观增加美感和艺术感。

根据横剖面的不同，廊可以分为多种类型。其中，双面空廊是指廊的两侧都是开放的空间，可以提供较好的景观视野和通风效果。单面空廊是指廊的一侧是开放空间，另一侧可能是墙面或其他建筑物，这种廊道通常依附于建筑或景观设施。复廊则是在双面空廊的中间隔一道墙，形成两侧单面空廊的形式，又称"里外廊"（图2-26）。

3. 花架

花架可以说是用植物材料做顶的廊，它和廊一样，可为游人提供遮阳驻足之处，供观赏并点缀环境景观。和廊一样，它有组织空间、划分景区、增加景深层次的作用。花架能把植物生长与人们的游览、休息紧密地结合在一起，与廊相比，具有接近自然的特点。

花架与廊及其他建筑结合，可把植物引伸到室内，使建筑融于自然环境。花架如点状布置时，接近于亭；如线形布置则与廊相似。花架的造型宜简洁轻巧，它比亭、廊更开敞通透，特别是植物自由地攀缘和悬挂，更使它增添了几分生气。

4. 雕塑小品

雕塑小品指的是景观环境中带装饰性的小雕塑。一般体量小巧，不一定能形成主景，但可形成局部环境的趣味中心。它多以人物或动物为题材，也有植物、山石或抽象几何形体形象的。雕塑小品设计来源于生活而又高于生活，给人以更美的赏玩韵味，起着美化环境、提高环境的艺术品位的作用（图2-27）。

图2-26　苏州沧浪亭的临水复廊

图2-27　北京五四大街表现"五四运动"主题的雕塑小品

图2-28　居住小区中的景墙

5. 景墙

景墙有分隔空间、组织游览、衬托景物、装饰美化或遮蔽视线的作用，是景观环境设计的一个重要因素（图2-28）。我国江南古典园林中多用白粉墙，不仅能与灰黑色瓦顶、栗褐色门窗有着鲜明的色彩对比，而且能衬托出山石、竹丛和花木藤萝的多姿多彩。墙上又常设漏窗、空窗和洞门，形成虚实、明暗对比，使墙面的变化更加丰富多彩。在现代景观设计中，景墙的形式、色彩、材质更加多种多样，设计中应注意与窗洞或镂空相结合，还可与山石、竹丛、灯具、雕塑、花池、花坛、花架等组合成景。

二、景观建筑与小品设计方法

1. 景观建筑风格的选择

景观建筑风格的选择应与周围环境相协调，同时考虑文化、地域、气候等因素。常见的景观建筑风格包括古典风格、现代风格、中式风格、欧式风格等。设计师应根据项目需求和实际情况进行选择，使景观建筑成为整体环境的一部分。

图 2-29　亭廊与水相结合

2. 空间布局与利用

空间布局是景观建筑设计的核心，需要考虑人流动线、功能分区、景观视线等因素。合理利用空间，使建筑与周围环境相互渗透，营造出宜人的景观氛围。同时，应注重空间的开放性、舒适性和安全性。

3. 景观建筑与地形、水系的关系

地形和水系是景观中的重要元素，景观建筑应与地形、水系相结合，尊重自然环境。建筑应合理利用地形，因地制宜，同时考虑防水、防洪等措施。比如在水畔建亭，不仅可以便于人们观赏水景，亭子也可成为水边的一道景观；而在山坡上建亭，不仅可以供人俯瞰山下，还能成为一处仰视的景观（图2-29）。

4. 景观建筑与植物的搭配

植物是景观的重要组成部分，景观建筑与植物的搭配应注重生态性和美观性。中国传统园林一个重要的美学特征就是建筑美与自然美的融糅，景观建筑和小品

如果配以植物作为前景或背景，可以形成更加丰满的视觉观赏效果（图2-30）。

5. 景观建筑与文化的融合

文化是一个地区的灵魂，景观建筑与小品应与当地文化相融合。设计师应深入了解地域的历史文化，将文化元素融入景观建筑中，营造出富有文化内涵的景观形象，给人以精神上的享受（图2-31）。

景观建筑与小品设计方法是多方面的，需要综合考虑环境、文化、功能等因素。通过合理选择景观建筑风格、布局空间、利用地形和水系、搭配植物、融合文化、设计景观小品以及进行照明设计，可以创造出宜人、舒适、具有特色的景观环境。

图2-30 苏州拙政园亭子与花木的结合

图2-31 杭州西湖苏堤的文化景观小品

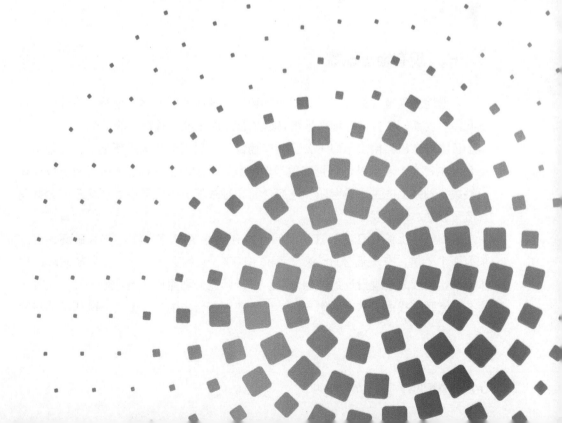

第三章

景观设计的构思来源

第一节 场地的实际问题

景观设计的构思可以来源于很多方面，对于初学者而言主要可以从场地的实际问题、人的使用需求、生态保护与修复、文化提炼与展现四个方向入手。而在实际的方案设计中，这四个方面并非彼此孤立的，而是交织在一起共同形成方案的构思创意。场地的实地调研是设计的基础，往往也是设计灵感的来源。因为在调研时设计师对场地的实际问题产生感知，即设计师已经品读了场地的"气质"，这可能刺激设计的灵感。在调研过程中通过分析得到了场地的地域地貌特征，有被保留利用的积极因素，也有给设计造成困难的客观元素，面对这些问题就需要设计师从解决实际问题切入方案设计。从场地实际问题入手进行构思，既可以利用场地保留的元素做文章，也可以将设计的目光放在那些给设计造成困难的元素上。通常来说，场地存在的实际问题可能表现在地形地貌、现有植被以及现有的人工遗存等方面，尽管它们是设计师需要解决的问题，但也往往能激发设计师的创意构思。

一、 现有地形地貌

地形地貌是景观的骨架，如果设计场地内拥有良好的地形地貌，设计时就可以此为出发点，使方案与地形地貌紧密结合从而生成独具特色的景观。

日本神奈川县横滨市山下公园新广场位于两层的停车场屋顶之上，与地面有近 8 m 的高差。设计结合地形高差因地制宜，从东面主入口进入公园有一条明显的轴线，轴线上由主水景台阶、连接台阶和轴线端的半圆形中心广场三部分共同营造了坡地水体景观。

辰山位于上海松江县松江镇北偏西约 9 km，由于多年矿石开采破坏，形成东西两个矿坑，有一近 30 m 深、面积 10 000 m² 的深潭。这一被采矿破坏的山体地貌恰恰成为景观设计的灵感源泉。设计师充分利用原有的地形条件，设计了瀑布、天堑、栈道、水帘洞等与自然地形密切结合的内容，使得丑陋的矿坑华丽转身为矿坑花园。设计师还利用这一独特的地形地貌，设计了配套的游览路径。游客可以沿着栈道一路向下穿越山洞后至坑底，随着湖面上的浮桥一路步移景异，到矿坑底部可抬头仰观近百米的瀑布（图3-1）。这样，原来受到人工破坏的山体，在经过设计改造后，反而给人们带来丰富而独特的感知体验。

二、现有植被

植物是景观要素中唯一具有生命的软质景观要素，它与其他景观要素不同，受时间、地域、环境条件（光照、降水、温度等）的变化影响很大，它有很强的历时性、生态性。在对场地进行景观改造时，一旦将原有植被砍伐掉，是不可恢复的，也不能像建筑一样仿制。因此，当设计场地中存在原生植被，一定要重视植物的保护性设计，从现有植被资源出发进行设计构思，深入研究植物与各要素组合优化关系，对场地中珍贵的植物资源进行高效地利用、更新和优化。

纽约高线公园原为20世纪30年代建造的高架货运专用铁路，到1980年彻底废弃。随着时间的流逝，被弃置的"高线"铁轨间生出了许多野花野草，这在政府眼里是等待拆除的废墟，但在摄影师眼中却是安静与自然的枯荣岁月。他们在高线拍了很多照片，因为这些摄影作品，越来越多的人开始关注这里，并自发组成了一个小组织"高线之友"。在"高线之友"的积极努力下，政府最终决定将废弃的高线改造成为一个新的城市公园。

根据调查，这座被废弃的高架铁路上生长着161种维管植物，分属于48科122属，植物种类比较丰富，且大多为美国本土的野生植物（图3-2）。高线

图3-1　上海辰山植物园矿坑花园　　　　图3-2　纽约高线公园场地的原有植被

公园方案的灵感就来自这种荒废的自然之美，整个设计力求将人工改造与野生自然相结合。种植设计在保留原有植被的基础上，又引入一些新的乡土植物品种，参照场地原生植物景观特征进行了艺术化的延展及升华，使得新与旧的植被系统有机融合。建成后的高线公园不仅继承了原来野生植被的特征，还在此基础上实现了新的升华。高线场地原生植被呈单一草甸形式，在对其景观特征提炼后，将单一的植被类型延展为包括树林、草原、灌木丛和野生花卉等更丰富的植物景观形式，给游客以更为丰富的景观空间体验（图3-3）。在植物景观演变过程中，还会根据生长情况淘汰不适合的种类并增加新的替代种类。

三亚红树林生态公园设计解决的主要问题就是对场地现有的红树林生态系统的修复，并给其他的城市修补和生态修复项目做示范。中国海南岛的水道常年遭遇洪水侵袭，在三亚河上的这处全新景观，一方面对先前被摧毁的红树林进行了修复，另一方面在有效缓解洪水危机的同时，为身处高密度城市中的居民提供了一处郁郁葱葱的步行游憩区。高强度的城市开发不仅留下了混凝土挡土墙，也污染了水道。如今繁盛的生态交错带形成了一个多孔的边界，与海洋潮汐为友，促进了红树林的生长。颇具层次感的景观和空中步道将游人从城市环境吸引至水边，混凝土观景亭亦为游人提供了庇护，能够抵御烈日与热带暴雨。

三、现有人工遗存

场地内现有的人工遗存也是场所信息中的一个关键要素，需要设计师细心地记录与分析。虽然有些人工遗存并不美观，但是由于记录了场地曾经的历史，因此也包含了一定的历史和文化价值。在景观改造时，既可以把它们看作是要解决

图3-3 纽约高线公园改造后植被景观　　图3-4 德国北杜伊斯堡景观公园

的问题，又可以把它们看作可利用的景观资源，从而激发设计创意。

许多工业用地在改造时都采用了这种思路。较有代表性的如德国北杜伊斯堡景观公园，在原鲁尔区塔森钢铁厂所在地建设而成。工厂搬迁后留下了大量的厂房、机器设备和废弃的场地。设计师没有将这些工业遗存看作垃圾，而是将其作为资源重新利用。场地内原有的各种设备和厂房被转变成满足各类休闲活动需要的设施，比如展室、小卖部、餐厅、咖啡馆、旅馆和电影剧场等，还利用废弃的厂房、仓库设计了攀岩墙、花园等，尤其是巧妙利用遗存的场地和设施创造了大量儿童游戏设施，把一处破败的场地转变为充满趣味的公共开放空间（图3-4）。

美国波士顿斯佩克特克尔岛（Spectacle Island，以下简称"斯佩岛"）占地面积约42 hm^2，最初由两个冰川时期形成的山丘组成，两座山丘之间由一片潮间带相连。从1912年到1959年，大量城市垃圾被倾倒在岛上，使得整个斯佩岛成为波士顿的海上垃圾场。虽然岛上的垃圾场在1959年正式关闭，但是垃圾场内的垃圾和渗滤液仍然使得波士顿港的污染不断加剧。

2007年，波士顿中央动脉/隧道项目（俗称"大开挖"）完成后，将该岛选为堆放挖掘废料的场地之一，大约260万 m^3 的废料被运送到岛上。项目承包商最初的想法很简单，用废料将岛上的垃圾场覆盖起来，再在废料上覆盖15 cm厚的壤土和草坪。但是政府希望将斯佩岛改造为公园，这意味着岛上的表层土壤需要满足以下要求：（1）覆盖和保护垃圾场黏土密封层和排水层；（2）能够抵御海水侵蚀，保证边坡稳定；（3）能够支持植物生长，并能经受强风、强降雨、干旱等气候条件影响；（4）只需要最低限度的养护。承包商的想法显然无法满足这些要求，因为15 cm的壤土无法种植木本植物，而如果将壤土层加厚则会导致成本过高。

面对这一复杂问题，Brown, Richardson + Rowe景观设计事务所的设计师与土壤学家合作，开发出一种具有不同断面深度的人工土壤，用砂土与岛上残留冰碛物按2:1的比例混合作为壤土基质，再用砂土加入有机质作为种植壤土，满足木本植物根系生长的需要，从而避免了大量壤土的输入。同时，景观设计师对岛上的地形进行了设计。挖掘废料只在被允许的区域进行堆放和填埋，并且必须尊重岛上原有的地形，尽可能突显岛屿的轮廓和南北两个现存山丘的地形特点，因为斯佩岛最主要的景观价值就在于从两座山丘到周围波士顿港和波士顿城市天际线的景色。在填入"大开挖"项目的废料之后，两个山丘的高度各抬高了约18 m，两个山丘之间的"马鞍"部分也比施工前高出15 m（图3-5）。

同时，设计还要保证废料堆放后的边坡稳定性，并且支持游客在岛上的休

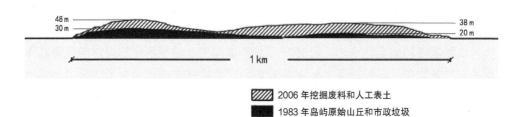

48 m
30 m
38 m
20 m

1 km

▨ 2006 年挖掘废料和人工表土
■ 1983 年岛屿原始山丘和市政垃圾

图 3-5　斯佩岛断面图

闲活动。在北侧山丘的边缘，坡度从 30% 到 45% 不等，在南侧山丘的边缘，坡度从 30% 到 40% 不等。岛的中心区域和西南侧设置了许多缓坡，可以支

持游客的休闲活动，尤其是岛的西南侧，夏季温和的西南季风可以为游客乘船登岛创造舒适的海湾环境。覆土完成后，27 000 株乡土植物被种植，这些乡土植物的根系将保持边坡的长期稳固。沿着岛屿边坡设置了大型防浪堤和蜿蜒的道路，这些措施可以有效削减水流冲刷。斯佩岛的地形无论从远处眺望，还是近距离观察，都很

图 3-6　斯佩岛空中鸟瞰效果

难看出人工堆筑的痕迹，经过处理的挖掘废料不是被简单地包裹起来，而是成为岛屿地形景观的有机组成部分（图 3-6）。

第二节　人的使用需求

景观设计与人们的生活密切关联。它的最终目的在于满足人们的使用要求与心理需求，创造更为美好的生活环境。景观空间形态的营造应当表达对于使用人群的关怀与使用行为的理解，因此如何满足人的使用功能亦是景观设计构思的一个重要出发点。

景观设计师鲍尔·弗雷德伯格〔Paul Friedberg〕曾煞费苦心地在纽约城市公园设计中为老人提供一个专门的空间，从而避开那些吵吵闹闹的人群，但不久他便发现老人们特意躲开那个为他们设计的地方。原因是老人们并不祈求幽静，他们害怕孤独寂寞，渴望与人交流，更愿意待在人多的环境中。因此景观设计应当充分分析、理解人们的心理和行为需求，例如空间分布、使用方式及其影响因素如心理特征、环境特征等，基于这些考虑的方案才更加科学、更加人性化。

一、 安全感需求

人们都需要一个受到保护的空间，无论是暂时的，还是长期的；无论是一个人的独处，还是多人的聚集交流，安全感是人类最基本的心理需求之一。在景观环境中，陌生的人与人、组团与组团之间会自发地保持距离，以保证个人和组团的个体性和领域性。人们既需要个体性也需要相互间接触交流，过度的交流和完全没有交流，都会阻碍个体的发展。

景观环境设计中的一个基本目的就在于积极创造条件以求获得让人们安心在其中交流、休闲、活动的空间。在尺度相对较大的公共空间中，人们更喜欢选择在半公共、半个人的空间范围中停留和交流。这样人们既可以参与本组群的公共活动，也可以观察其他组群的活动，具有相对主动的选择权。另一方面，人们在环境中都希望能占有与掌控空间，当人们处在场地中心时，往往失去了对场地的控制力与安全感。只有当人们处在边缘与尽端时，才能感受到这是一个可以自由掌控的空间领域。所以那些有实体构筑物作为依靠的角落或者那些凹入的小空间最受游人青睐。

例如，在户外空间中，人们都趋向于坐在场地边缘的座椅上，依靠于大树、灌木或景墙，而场地中心则由于缺乏心理安全感常常无人问津。因此，无论广场或者街道环境设计中，都要着力构想场地边缘空间的处理。如果环境中边缘空间设计得合理得当，整个景观环境就会很有生气，反之则会了无生机。例如，某广场坐椅都布置在道路十字路口四角上，游客只能相视而坐，个人活动毫无保留地暴露在对方视野之内，结果导致游人不愿意坐下，座椅入座率很低。因此，景观环境设计中，应充分考虑到人们对于安全感的心理需求，尽量创造多样化的空间边界，特别是在设置休憩、停留等静态活动区域时，与空间边界相结合，创造宜人的空间环境（图3-7）。

二、行为方式需求

除了心理上的安全感，在设计中还应该对环境中人的行为方式进行研究，对不同年龄、性别、文化层次、爱好等因素进行调查分析，从而得出人在景观环境中活动的一般规律和特点。根据年龄差异，可以把人群划分为三大类：老年人、中青年人和少年儿童。

老年人群活动规律一般为早晨和傍晚跑步、散步、打拳、跳舞等，反映出群体性特点；青年人群活动规律一般在休息天或晚上，呈现出独立性和休闲性等特点；少年儿童活动一般在星期天或放学后，呈现出流动性、活泼性、趣味性等特点。通常，老年人是室外环境的主要使用人群；中青年人次之；少年儿童使用最少，一般也由成人看护。同时，不同类型景观环境使用群体也不尽相同，交通型空间和商业空间中中青年人群数量最多，而社区休闲型与综合型空间中老年人群数量最多。

三类人群行为方式本身也存在很大差异，老年人多喜欢三四人聚集在一起活动，分布更为集中。一方面老年人希望处在安静的环境中，不希望受到交通喧哗的影响；另一方面老年人也正是因为渴望与人交流、害怕寂寞才来到公共环境中，因此需要为老人提供尽可能丰富多样的活动类型和社会交往的机会。中青年人则更偏好独自或两三人组团活动，分布更为零散。他们对环境质量要求较高，对环境设施、个体性空间、适宜的气候、温度条件更为关注。

少年儿童的行为方式与成年人差异显著。景观环境中的少年儿童活动空间是他们除了幼儿园、学校之外的一个重要学习与成长的空间。少年儿童的心理特征较为特殊，对于环境的反应比成人更加直接与活跃，越是人多的环境儿童往往越发兴奋，越愿意表现自己。适当将儿童活动场地与其他人群混杂，有

图 3-7　休憩区域与空间边界相结合　　　　图 3-8　儿童活动空间的游乐设施

利于激发其活动欲望，集聚场地人气。少年儿童好奇心强，对环境敏感度高，一块怪异的石头、一座鲜艳的雕塑或是一个斜坡，都能引起孩子们的极大兴趣，因此在公共空间中应该为他们多设计些能诱发他们想象力的游憩设施（图3-8）。但要注意游憩设施的复杂程度，许多研究表明，尽管孩子们能够自己发现多种接触自然环境的游戏方式，但所设计的游戏娱乐设施要是太复杂，反而得不到少年儿童的关注。因为过于复杂的设施偏离了对儿童心理、生理功能培养的初衷和目的。

三、探讨多种方案

由于各类人群的使用需求复杂多样，与场地空间形态的结合会有多种方式，因此设计师在设计构思时会在脑中积累许多想法。有时这些构思很对路，随之方案很快就成形了。但是这只是一个构思而已，而且只是第一个构思。它也许不错，但是只有在与其他构思比较之后，才能确定它是否最优。因此，设计师面对任何一个给定的项目，应该努力尝试不同的方案选择，也就是多挖掘一些功能与形式组合的可能性。例如，准备在两面临街、一侧为商店的小块空地上建一处街头休憩空间，其中打算设置休息区（座椅）、服务区（饮水装置、废物箱）、观赏区（树木、铺装）。要求能符合行人流线，为购物或候车者提供坐憩的空间。基地周围的交通、视线条件，基地内的地形、树木和行走路线等现状情况如图3-9所示。根据上述的条件对图中所列的两个设计方案进行比较。从结果来看，方案一明显优于方案二，如果撇开设计形式、材料不谈，单单从利用基地现状条件和分析结果来看，方案二就存在着众多的不足之处，如场地空间划分过于零碎、缺乏较完整的活动集散空间、不符合人的行为习惯、商店不能很方便地利用该休憩区、坐凳设置没考虑夏季遮阴等等。

　　设计师要具备从人的行为和心理需求出发构思方案的意识，任何一处景观空间，若无人的活动参与，只是一种物质的存在，而一旦加入了人的行为、人的活动，便成了有活力的场所。景观环境设计的最终目的是满足人的需求，场所中的一切，离开人的活动就失去了意义。

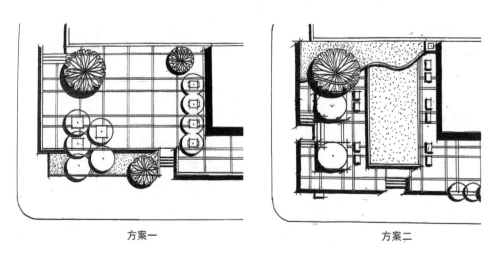

方案一　　　　　　　　　　　　　　方案二

图 3-9　街头休憩空间的两种方案

第三节　生态保护与修复

自然界在其漫长的演化过程中，已形成了一套自我调节系统以维持生态平衡。设计作为一种人为过程，不可避免地会对自然环境产生不同程度的干扰。从生态角度出发进行设计构思，就是以生态科学理论为基础和依据，努力通过恰当的设计手段促进自然系统的物质利用和能量循环，维护和优化场地的自然过程与原有生态格局，增加生物多样性，创建生态功能、美学功能和游憩功能兼容的良好景观格局。

从生态角度进行景观设计构思，需要坚持景观设计行为必须建立正确的人与自然的关系，尊重自然，保护生态环境，尽可能少对环境产生负面影响。人为因素应该秉承最小干预原则，通过最少的外界干预手段达到最佳的环境营造效果，将人为过程转变成自然可以接纳的一部分，以求得与自然环境有机融合。具体来说，可以从以下方面思考：

一、低度干预

实现景观环境可持续性的关键之一就是将人类对这一生态平衡系统的负面影响控制在最小限度，将人为因子视为生态系统中的一个生物因素，从而将人的建设活动纳入生态系统中加以考察。

尤其对于一些生态环境比较好的场地，设计应当从了解基地环境开始。对区域景观的生态因子和物种生态关系进行科学的研究分析，通过合理的规划设计，确保人为干扰在自然系统可承受的范围内，以保护良好的生态系统。

首先，要维持生物物种和生态过程的多样性和复杂性。一个由复杂动植物和微生物所构成的生物群落和复杂的物质、能量转化、循环过程所构成的生态系统，比只由单一物种和简单的生态过程构成的系统更具有可持续性。因此，在拥有自然山体、水体的场地，应该充分尊重原有的自然条件，尽量保护原有的土壤、植被体系。其次，就是要尽量保护和运用乡土物种。由于长期与当地环境的适应和同步进化，使乡土物种更能适应环境并发挥生态功能。最后，降

低人的干扰和人工物质的可同化和降解的程度。在景观的建设和维护过程中，在满足人的使用目的的同时，尽量使人的干扰范围和强度达到最小，所使用的材料和工程技术应该尽量不对自然系统中的其他物种和生态过程带来损害和毒害。

图3-10　秦皇岛汤河公园景观

例如，在秦皇岛汤河公园的设计中，设计者和建造师们用最少的人为干扰，在完全保留自然河流生态廊道的基底上，引入了一条"红飘带"，将所有城市设施包括步道、座椅、灯光和环境解说系统整合其中，在最大限度地保留自然生态系统的同时，给人们提供休闲的机遇（图3-10）。

二、生态恢复

随着生态学与景观生态学的发展，20世纪90年代美国、德国等提出通过生态系统自我组织和自我调节能力来修复污染环境的概念，并通过选择特殊植物和微生物，人工辅助建造生态系统来降解污染物，恢复和促进自然系统的代谢。

在设计中促进生态系统的恢复，最关键的是促进生境的恢复。生境是指生物的个体、种群或群落生活地域的环境，包括必需的生存条件和其他对生物起作用的生态因素，也就是通常所说的栖息地。生境的破坏导致物种多样性遭到破坏，从而损害环境生态效益的发挥。生境的恢复包括土壤环境、水环境等基础因子的恢复，以及由此带来地域性植被、昆虫、动物等生物种类的恢复。在设计中应该首先修复受到破坏的土壤、水体等景观基质要素，再逐渐恢复乡土植被体系，为各类生物创造栖息环境，这需要在设计方案中制定详细的修复策略，并分阶段实施。

例如，美国纽约弗莱士·基尔斯（Fresh Kills）公园曾经是世界上最大的垃圾场，场地内的生态系统已经严重退化。在经过对场地的深入研究后，设计方

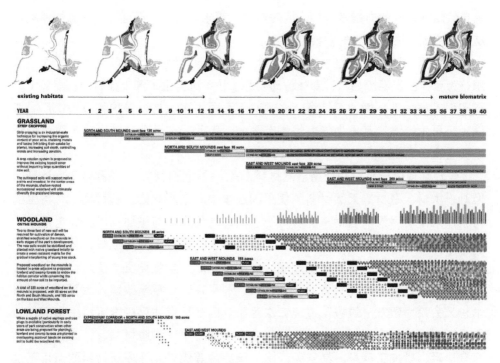

图 3-11　弗莱士·基尔斯公园生境恢复策略

案制定了四个阶段的场地修复策略。在最初的阶段，主要是土壤改良和生境修复。借用农业上的带状耕作法来对场地内受破坏的土壤进行改良，通过植物收割吸收土壤中的污染物质，修复受损的地表，逐渐恢复场地的生境系统；后面的阶段主要是基础设施建设，包括公园入口、滨水地带、邻里公园以及相关的道路设施等，以及新的休闲娱乐设施和建筑的引入（图 3-11）。

三、生态补偿

人类生活生产范围的不断扩大，高强度经济生产活动的不断集中，大大改变了原来自然生态系统的结构和功能。生态补偿是以保护和可持续利用生态系统服务为目的，促进人与自然和谐发展。面对日益减少的资源和逐步遭到破坏的环境，设计师开始探索更适宜在景观中应用又可减少不良环境影响的设计手法和景观元素，以此来补偿人类在发展过程中对自然毫无节制的索取所造成的破坏。比如，通过新技术材料和设计手法的革新，最大限度利用太阳能、风能等自然活跃动能的力量来维持环境对能量的需求，减少对不可再生资源的消耗，从而适应现代生态环境的需要。

景观建造和管理过程中的所有材料最终都源自地球上的自然资源，这些资源分为可再生资源（如水、森林、动物等）和不可再生资源（如石油、煤等）。要实现人类生存环境的可持续，必须对不可再生资源加以保护和节约使用。即使是可再生资源，其再生能力也是有限的。因此，在景观环境中对可再生材料也要注意节约使用。

景观环境中一直鼓励使用自然材料，其中的植物材料、土壤和水毋庸置疑，但对于木材、石材等天然材料的使用则应慎重。众所周知，石材是不可再生的材料，大量使用天然石材意味着对于自然山地的开采与破坏，以损失自然景观换取人工景观环境显然不足取；木材虽可再生，但其生长周期长，从一定程度上看运用这类材料也是对环境的破坏。不仅如此，景观环境中使用过的石材与木材均难以通过工业化的方法加以再生、利用，一旦重新改建，大量的石材与木材又会沦为建筑"垃圾"造成二次污染。因此，应注重探索可再生资源作为景观材料，比如金属材料、玻璃材料、木制品、塑料和膜材料等，此类材料均有自重轻、易加工成型、易安装、施工周期短等优点。许多新材料的运用不是从景观设计中开始，所以关注材料行业的发展，关注其他领域材料的应用，有利于我们发现景观中的新用法。

位于美国曼哈顿地区的国会广场（Capitol Plaza）是一个处于闹市区的口袋公园，公园最具特色的景观是一道 27 m 长的橙红色镀锌钢板墙。波浪纹的钢板上开凿了大小不一的椭圆孔洞，增加了景观环境的细部和趣味性，不仅将周边的建筑分隔开，而且形成了一个愉悦的背景。各种不同的金属坐椅的设置，为人们提供了休憩和交流的机遇（图3-12）。

图3-12　国会广场的橙红色镀锌钢板墙

位于美国奥克兰的太平洋坎纳公寓（Pacific Cannery Lofts）是在废弃的罐头厂基础上建造的住宅小区。在小区景观改造中，设计师对原罐头厂废弃的铸铁机轮、引擎、齿轮等机器设备进行再利用，并将其作为场地中的景观小品。其中，3 m多高的铸铁机轮被安置在小区门口，作为小区入口的标志性景观（图3-13）。这些废弃的设备和部件不仅节约了景观小品的建设费用，而且还展现了西奥克兰一个多世纪的工业历史文脉。在小区景观改造中，废弃物不仅被用来展现场地文脉，还被用来展示循环利用的环保理念。在小区庭园步道边的排水沟渠中，设计师用经过处理的碎玻璃代替卵石铺在其中作为滤水层，形成了独特的"玻璃河"。来自屋顶和路面的雨水经过"玻璃河"的过滤后，补给当地的地下水（图3-14）。废弃的设备、碎玻璃，这些本应进入垃圾堆的物品，经过设计师创造性的转化，在景观中产生了新的美学价值和实用价值。

图3-13　奥克兰太平洋坎纳公寓入口景观

图3-14　奥克兰太平洋坎纳公寓的"玻璃河"

第四节　文化提炼与展现

文化对于景观设计有重要的意义，设计场地应融于当地的文化，形成区别于其他地区、独特的场所精神。因此，深刻挖掘景观设计所在的地域文化的内涵、类型、特色，基于文化视角探讨景观设计方法和表达，将当地的文化融入景观设计中，通常是景观设计构思的重要来源之一。

一、文化分类

1.历史遗迹文化

历史遗迹指的是古代人类遗留下来的城堡、村落、住室、作坊、寺庙及各种防御设施等，更广义的历史遗迹也包含近现代和当代人类在社会活动中所遗留下来的物质文明，既包括人类加工过的实物，也包括未经加工但使用过的实物。历史遗迹文化则是基于上述的历史遗迹而形成的文化，例如传统园林文化、传统村落文化、城墙文化、工业遗产文化等。历史遗迹文化为景观设计提供了文化要素、文化氛围、形式特色以及当地的行为习惯等，这些可以成为景观设计表达文化的切入点。

例如，在厦门园博园"竹园"的设计中，空灵的水面、绿竹、青石墙、白粉墙、天光云影使竹园具有了浓厚的传统园林的气韵和水墨情趣，空间的变化莫测又让竹园具有了浓浓的诗意（图3-15），是对中国传统园林这一类历史遗迹文化的现代诠释。

2.历史人物

历史上具有代表性的人物是当时历史节点上具有先进性、人文性或创新性等优秀品质或做出杰出贡献的名人，其代表思想和代表作品影响了对应时期的文化的形成和走向，对文化的发展具有一定贡献。在景观设计中可以提取、刻画该历史人物的特征，将其精神或者文化贡献融入景观设计中，进行文化宣传和教育展示。

例如，以唐寅为代表的吴中四大才子是明代生活在江苏苏州的四位才华横溢且性情洒脱的文化人，他们的故事在江南地区广为流传。在苏州金鸡湖滨水景观中，用颇具文化韵味的景观小品将四大才子的典故展现出来，为金鸡湖的现代景观增添了文化底蕴。（图3-16）。

3. 民俗文化

民俗文化包括传统的民俗文化活动、传统文化器具、传统民俗乐器、歌舞、戏剧、美食等，更加贴近民众生活、具有烟火气息。民俗类文化在发展上具有一定的连续性，从起源到发展过程有相应的典故和记载，也能从侧面展现一定地域性的思想智慧，将民俗活动、器物等融入景观环境，能够让人们参与其中，亲身体验乡土民情和文化氛围。

4. 专有文化

某些地区会存在一些与传统文化类型不同的特色文化，例如游牧文化、农耕文化、考古文化、红色文化等，是该地区的专有文化。可充分挖掘当地专有文化特征，基于空间意境、艺术形象、场景意向等的塑造营造独特的景观文化氛围。例如，江苏常熟沙家浜景区依托特有的红色文化，恢复了沙家浜老街、刁宅大院、春来茶馆、江南小渔村等一批红色遗迹，在此基础上又以红色文化带动了生态文化和美食文化，对红色文化起到了支撑作用（图3-17）。

图3-15 厦门园博园的"竹园"

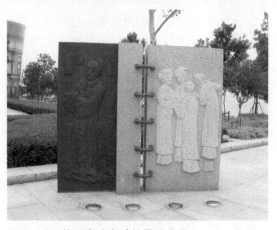

图3-16 苏州金鸡湖畔的景观小品

图3-17 江苏常熟沙家浜景区

二、文化要素在景观设计中的应用

1. 原生与保护

原生与保护的方法是以最直接、简洁的方式对文化进行表达与展示，是对历史的追溯，使人们能够真切地感知文化。园林中的古树名木、亭台楼阁、历史遗迹都是原生的文化，它们承载着地域文化信息，是人们探索和研究某种历史现象的重要线索，见证了时代的发展，是景观中常用的表达形式。

例如，在阳朔糖舍酒店景观设计中，设计师在原有场地浓郁的工业历史氛围中，借当代性去碰撞出新对话，将场地中原有的 20 世纪 60 年代建造的、凝聚了一代人生活记忆和情感的老糖厂及当时用于蔗糖运输的工业桁架等元素纳入公共环境，将空心砖墙的结构和原本用于收甘蔗的码头改造成游泳池，实现对在地文化的解读。

2. 借鉴与转化

景观的发展过程离不开对中西园林以及其他艺术的借鉴，并在此基础上进行创造与转化。通过对地域文化原型形式上的借鉴，可实现设计目标地域文化符号的表达。此种表达形式并非简单的仿照，而是将新技术、新材料与传统地域文化相联结，创造出新的具有地域特征的景观元素。比如，早期受现代主义美学思潮的影响，设计师们创造了新的风格，出现极简主义园林形式，受中国古典园林的影响，景观建筑风格出现新中式。设计中不仅要借鉴还要转化、创新，才能推动景观形式的发展。

例如，位于加利福尼亚州的棕榈泉市被圣哈辛托山包围，是沙漠旁的绿洲，百年来一直以"空旷、宁静、孤独和简单"的荒芜之美著称。棕榈泉市中心公园(Palm Springs Downtown Park)的设计意在传承和展现棕榈泉的文化与历史。设计团队在构思时，借鉴了周围瑰丽的地貌与沙漠植被，有意识地向当地独特的自然风光靠拢。为了更深入地了解棕榈泉地貌景观，设计团队曾徒步穿越圣哈辛托山脉的塔基茨峡谷，近距离观察了它绚丽的岩石"皮肤"。之后，通过"沉积"的处理手段，将此地质特征抽象为染色混凝土墙体——露岩"山脉"，形成公园的主体景观(图3-18)。此外，还从附近采石场运来用于铺地的"棕榈泉黄金石"，在其中种植硬朗尖细的灌木，形成一个迷你沙漠。园内预制混凝土块座椅也掺入了棕榈泉黄金石骨料，层次纹理呼应着露岩"山脉"这一主体景观。公园西南角的剧场活动中心以棕榈叶为灵感设计了遮阴凉棚，整个公园设计充分借鉴了棕榈泉市的地域文化符号，仿佛是棕榈泉地域景观的缩影（图3-19）。

图3-18　棕榈泉市中心公园露岩"山脉"

图3-19　棕榈泉市中心公园的遮阴凉棚

3. 提炼与象征

提炼与象征是在当地大量文化资源中凝练文化符号，表达某种情感与共鸣。将景观成分经过提炼处理，变抽象的东西为活泼贴切之物，展示在人们面前，拉近人的情感，使之更容易被大众理解欣赏。文化符号极具象征性与独特性，通过神、形的概括，采用明、暗的比喻来丰富文化的表达形式。象征手法的表达效果寓意深刻，能丰富人的想象，给人意犹未尽的感觉，获得简练、形象的真实感受，能表达真挚的感情。

例如，在中国的古典园林中，象征的表现手法运用较多，是中国古典园林的一大文化特色，从掇山叠石、理水手法，到植物造景、铺装设计，无一不体现了

图 3-20　戴安娜王妃纪念泉

我国造园师的象征性思维。此外，英国设计师凯瑟琳·古斯塔夫森在戴安娜王妃纪念泉的景观中，设计了一个顺应场地坡度的，在树林中落脚的浅色景观闭环流泉，整个景观水路经历跌水、小瀑布、涡流、静止等等多种状态，象征、诠释了戴安娜起伏、多彩的一生，用提炼与象征的表达手法丰富文化寓意，达到情感共鸣（图 3-20）。

4. 对比与融活

在景观设计过程中，我们将相互矛盾的文化元素并置在一起，让对立的元素融入整体布局中，使差异的双方在某个主题中融合活化，从而强化景观的体验感，这就是对比与融活。

韩国西首尔湖公园的场地最初是一处水处理厂，为了营造出独特的场所精神，设计方决定对废弃水厂的特征进行现代化的重新诠释，从而寻求新旧文化、自然和人以及现有环境的融合。在设计中，旧工厂的一些材料、设施被创造性地重新利用，与新的文化设施、植被结合在一起。

公园中最具代表性的空间是蒙德里安广场，这里原来是水处理厂的沉淀池。在拆除沉淀池的过程中，保留了部分钢筋混凝土墙体作为场地的历史文化符号。同时新增了花坛、水池、金属墙等景观元素，尤其是安置了高 3 m、宽 40 m 的"媒体艺术瀑布"，通过 LED 屏幕展示

图 3-21　韩国西首尔湖公园的蒙德里安广场

各种数字艺术图像和音乐。为了将这些互不相干甚至有些相互冲突的元素融合起来，设计者采用现代主义画家蒙德里安的方格型结构将它们整合在一起，通过水平和垂直的线条产生和谐的效果。人们在这一几何形广场中，不仅能感受场地作为工业废弃地的历史，而且能体验当代的科技、文化和艺术，既使场地的文脉得以延续，又使废弃的工业用地得到活化和再生。

第四章

景观设计的方法

第一节　景观设计的形式美法则

在景观设计中，形式美法则包括统一与变化、对比与微差、均衡与稳定、韵律与节奏、主从与重点、比例与尺度等。景观形式美的实现，需灵活运用设计手法，整合复杂的设计语言，综合考虑社会、经济、文化、科学等多方面因素，理性分析比较，创造出和谐的景观形态。

一、统一与变化

统一是指由某种性质相同或者类似的景观形式要素并置在一起，进而形成景观形式的一致性。统一并不是景观形态的单一化、简单化，而是具有条理性和规律性，以便整体空间趋于一致，表现出稳定和秩序。

变化是统一的对立面，是指由不同的形态要素并置在一起，从而产生的景观差异。变化不是无规律的，而是依托一定规律，使景观形式趋于生动活泼，体现新鲜活力之感。

设计师需将统一与变化灵活应用，形成整体又富于变化的景观形式。只有变化，没有统一，就会显得纷繁散乱，使视、知觉系统负荷过重，难以被接受；只有统一，缺少变化，难免会流于呆板、单调，难以唤起人的愉悦感。因此，在设计中一方面要通过运用相似的设计元素、色彩和材质等，营造出整体和谐、统一的感觉；另一方面要通过引入不同的元素和形式，打破单调、呆板的感觉，增强景观的活力和变化性，使景观更加生动、有趣，富有艺术感染力。如图 4-1 所示，在方案中主要采用方形构图元素形成统一的秩序，同时引入斜线形成变化。

二、对比与微差

对比是在各要素之间创造显著的、突出的差异，来突出各自的特点。微差则指微小的差异，通过元素之间的渐进式变化来营造和谐的效果。

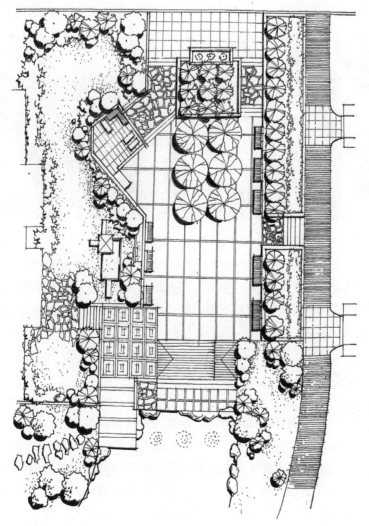

图 4-1 设计中的统一与变化

对比更加强调突变式的景观差异，借助强烈的形式变化，突显某一景物的典型性、原真性。因此，对比手法需谨慎运用，过度使用对比会导致设计的混乱，产生视觉疲劳。然而，若过于强调协调而忽视了对比，设计可能会显得乏味和呆板。因此应平衡对比和微差的关系，使其相互补充，同时保持整体的完整性。

对比是异质部分组合时由于视觉强弱的结果产生的，表现为形象对比、体量对比、方向对比、色彩对比、质感对比等方面，这些构成要素之间的差异是表现设计个性的基础。微差则是异质部分组合时的微小差异形成的，微差的格调是温

图 4-2 景观的对比与微差　图 4-3　2010 年上海世博会中国馆

和的、统一的。如图 4-2 所示，种植区和硬质地面在色彩、质感上形成强烈对比，而种植区内部的草皮和地被灌木则形成高度和质感上的微差。值得注意的是，当微差积累到一定程度后，微差关系便转化为对比关系。

三、均衡与稳定

均衡与稳定实质上都是处理不同方向上设计要素的轻重问题。均衡主要是通过设计构图各要素在左与右、前与后之间相对轻重关系的处理，取得部分与部分、部分与整体之间的视觉平衡，分为对称均衡和不对称均衡。对称均衡通过对称轴或对称中心形成严格的组织关系，是最规整的构成形式，可以使景观形式呈现出严谨、庄重之感。不对称均衡没有明显的对称轴及对称中心，但有相对稳定的重心。不对称均衡的形式自由多样，变化丰富，具有动态感。在中国古典园林中，大多数建筑、山体和植物的布局都形成不对称的均衡效果，给人以轻松自然之感。

和均衡相联系的是稳定。如果说均衡所涉及的是设计要素左右、前后之间相对轻重关系，那么稳定所涉及的则是设计造型上下各要素之间的轻重关系处理。可将景观要素分为"上"和"下"两个方位，通过规划景观元素的位置和大小来体现稳定感。例如，底部较大、顶部较小的建筑或小品可以给人以稳定感。但是随着科学技术的进步和人们审美观念的变化，人们凭借着先进的技术成就，可以把"下大上小、上轻下重"这一古代被奉为金科玉律的稳定原则颠倒过来，从而建造出许多底层透空或是上大下小的景观建筑形式。比如，上海世博会主展馆"东方之冠"就是典型的上大下小型建筑（图 4-3）。

四、韵律与节奏

景观设计中的韵律与节奏是指某一要素有规律地重复和变化，形成具有条理性、重复性和连续性的美学特征。韵律美按其形式特点可以分为四种不同的类型：①简单韵律，以一种或几种要素连续、重复地排列而形成，各要素之间保持着恒定的距离和关系，可以无止境地连绵延长。②渐变韵律，由连续重复的要素按照一定规律有秩序地变化，例如逐渐加长或缩短，变宽或变窄，增高或降低等，从而取得渐变的形式。③起伏韵律，渐变韵律如果按照一定规律时而增加，时而减小，有如浪波之起伏，或具不规则的节奏感，即为起伏韵律。④交错韵律，各组成部分按一定规律交织、穿插而形成，表现出一种有组织的变化（图4-4）。

以上四种形式的韵律虽然各有特点，但都体现出一种共性，即具有极其明显的条理性、重复性和连续性。借助于这一特点既可以加强整体的统一性，又可以求得丰富多彩的变化（图4-5）。

五、主从与重点

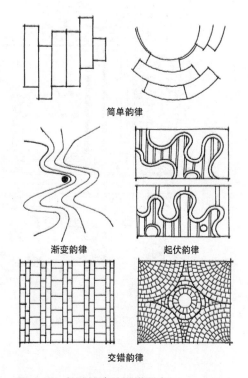

简单韵律

渐变韵律　　　　起伏韵律

交错韵律

图4-4　各种韵律的视觉形态

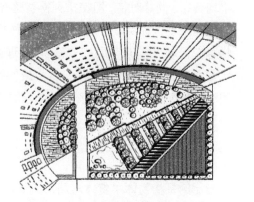

图4-5　富有韵律感的景观设计

在由若干要素组成的整体中，每一要素在整体中所占的比重和所处的地位，将会影响到整体的统一性。假如所有要素都竞相突出自己，或者都处于同等重要的地位，不分主次，就会削弱整体的完整统一性。

因此，在一个有机统一的整体中，各组成部分不可不加以区别对待。它们应

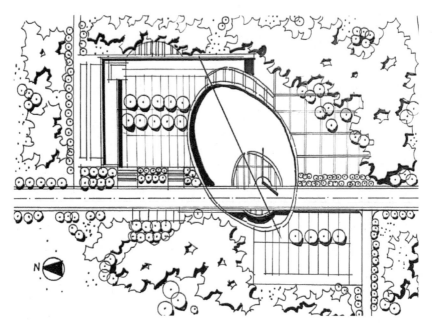

图 4-6　景观平面构图中的主从与重点

当有主与从的差别，有重点与一般的差别，有核心与外围的差别。否则，各要素平均分布、同等对待，即使排列得整整齐齐、很有秩序，也难免会显得机械、单调。

在景观设计实践中，无论是平面构图还是立面处理，无论是空间布局还是景物营造，为了达到有机统一都应当处理好主与从、重点和一般的关系（图 4-6）。比如，在景物营造时，应当设置主景作为整个空间的重点，起到主导视线的作用，同时设置配景作为主景的陪衬，起到烘托主景的作用。

六、比例与尺度

比例是指物体中整体与局部、局部与局部之间的大小、长短、高低的关系，它是控制景观自身形态变化的手法之一，良好的景观布局都需具备比例关系。比例合适与否，不能单从形式本身来判别，而要考虑材料、结构、功能以及不同民族的文化传统。以亭子为例，石砌亭子与木构亭子在顶部与亭身的比例上就存在明显区别，中西方亭子各结构部位的比例也有所不同，这也是 19 世纪欧洲园林中所建的中式亭子形式不够"地道"的重要原因。总之，构成良好比例的因素是极其复杂的，它既有绝对的一面，又有相对的一面，事实上并不存在放在任何地方都适合的、绝对美的比例。

尺度，是指物体的整体、局部的构件与人或人的习惯标准、人的使用生理相适应的大小关系，即物体与人的比例关系。尺度一般不是指要素真实尺寸的大小，而是指要素给人感觉上的大小印象和其真实大小之间的关系。通常来说，景观元素的尺度要与其所处的空间、与人相适应，空间大时景观要素的尺度相应加大，空间小时景观要素尺度相应减小；而像座椅的高度、景墙的宽度等，过大或过小都会影响人的舒适度和对景观的体验感。但对于某些特殊类型的景观，为了达到某种艺术意图，设计师会对景物尺度进行特殊处理。如纪念性景观或需吸引眼球的商业景观，设计者往往通过刻意放大尺度，来获得一种夸张的尺度感；与此相反，对于一些庭园景观，设计者会刻意减小其尺度，从而获得一种亲切的尺度感。

第二节　景观空间的处理手法

一、空间的构成

老子《道德经》中有言："埏埴以为器，当其无，有器之用；凿户以为室，当其无，有室之用……故有之以为利，无之以为用"这阐释了空间的功能作用。一片空地，无参照尺度，就不成为空间，一旦添加了实体进行围合便形成了空间。容纳是空间的基本属性。

"地""顶""墙"是空间的三要素，地是空间的起点和基础；墙用以分隔空间或围合空间；顶是用来遮挡的。地与顶是空间的上下水平界面，墙是空间的垂直界面。三者相互联系，缺一不可，灵活运用才能营造出丰富的空间感（图4-7）。

1. "地"的处理

"地"是空间的基础，不同的"地"体现了不同的空间特征。宽阔的草坪可供休憩和玩耍；空透的水面和成片种植的地被物可供观赏；硬质铺装和道路可以集散和引导人流。通过精心的形式、图案、色彩和起伏的地形可以丰富环境、提升空间质量。

图4-7　景观中的"地""顶""墙"

（1）地面材质及视觉效果

用于"地面"的材料有很多，比如混凝土、花岗岩等硬质材料，也可以是草皮、低矮灌木等软质材料。此外，还有鹅卵石、砾石等以突出感知为主的材料。不同的材料在视觉效果上各有特色，要根据实际情况灵活选择。在设计时，应考虑地面的图案视觉效果，尽量避免大面积使用单一材料铺装地面。如果地面材料构成简单，可将空间的造型、色彩、风格综合运用，使地面空间不致单调乏味。

（2）地面高差处理

高差，是对地面进行抬高或降低的一种空间处理手法，目的是以有限的面积创造丰富的空间，使得空间产生层次和主次感。在景观设计中，场地往往存在地形差异，巧妙的高差处理手法可以营造富有层次感的景观空间。更重要的是，尊重原有地形高差可以减少土方工程量，减少对现状的破坏，拓展出更多丰富的竖向空间。

在实际设计中，地面的高差处理有时是整个设计的关键环节，要遵循因地制宜的原则，尽量结合场地现状进行改造；要根据规范和功能要求来选择高差路面和断面形式；要注意雨水的及时疏导，避免出现洼地积水等路面问题。常用的地面高差处理手法有：台阶、坡道、挡土墙、台地园、起伏地形等，使地形高差成为设计的一大亮点。

需要注意的是，台阶的设计需要考虑阶梯的设置位置、数量、宽度、高度以及坡度等因素。室外台阶踏步宽度更大些，台阶的坡度要更平缓，行走起来更加舒适。一般室外台阶踏步宽度略宽于室内台阶，以 30 ~ 40 cm 为宜；高度在 10 ~ 15 cm。安全性是室外台阶设计中不能忽视的要点。雨雪天气时，室外台阶容易变滑，所以要选用有纹理、防滑的材料。对于长阶梯，建议设置扶手或围栏，这不仅为上下提供支撑，还可以作为装饰元素。

2. "顶"的处理

作为以室外空间为主的景观环境，"顶"这一要素与"地""墙"相比，使用的面积、体量虽不大，但可以对空间形成强烈且灵活的限定。就像一棵树形成一个遮阴空间一样，"顶"可以在顶面和地面之间形成一片限定空间。景观空间中的"顶"有自然形成和人工构建两种方式。前者与林冠形成的下界面有关，后者通常与景观建筑或构筑物有关。由于空间的内外都受到"顶"的影响，所以顶形成的空间形式取决于顶平面的形状、尺寸、高度、材质和构成。低顶形成的空间比较亲切，但是大面积连续使用低顶容易产生压迫感；高大的顶空间显得宏伟但很容易空阔。

景观空间的"顶"有实顶和虚顶之分，实顶通常具有实用功能，虚顶多用来点缀和装饰。如我国传统园林中的曲廊的顶，将园林中的建筑串联起来，既有观赏价值也起到了遮阳避雨的作用。由实顶形成的空间限定明确，通常会给人较强的安全感。虚顶也能起到一定的遮挡作用。如一些小型休息建筑中使用的镂空顶以及花架上的紫藤形成的"顶"等都是人们游览时选择休息的地方。有时构成简单形式虚顶也可以表明空间的存在。

3. "墙"的处理

"墙"是景观空间的重要元素之一，是营造空间感、私密性、形成视觉中心感和意义表达的重要手段，也是行为活动、心理和视觉上的有效阻挡工具，具有分隔和围合空间的作用。

（1）墙的作用

"墙"在空间上的阻挡性与其高度、密实度和连续性有关。"墙"的高度分为绝对高度和相对高度。绝对高度指的是"墙"的实际高度。"墙"的高度影响其在视觉上表达空间的能力。当"墙"较低时，可以界定空间的边缘但不能形成围合感。在腰部高度时，"墙"开始具有围合感，同时与周围空间保持视线的连续性。当升高到视线以上时，"墙"具有空间分隔和围合作用，并且随着高度的增加，这种作用逐渐增强。

相对高度是指"墙"的实际高度与人的观看视距的比值，用视角或高度（h）与宽度（d）的比值来表示。当比值 $d/h < 1$ 时会有明显的压迫感；当 $d/h > 1$ 或更大时，形成游离远离之感；当 $d/h = 1$ 时，处于45°仰角时，相当于视点距离和建筑物高度相等的位置，是观赏任何建筑细部的最佳位置，空间存在某种匀称感；当 $d/h = 2$ 时，处于27°仰角时，视距相当于建筑物高度的2倍，既能观察到建筑细部，又能感觉到对象的整体性；当 $d/h = 3$ 时，处于18°仰角时，视距相当于建筑物高度的3倍，能感觉到以周围建筑为背景的清楚主题对象；当 $d/h = 1.5 \sim 2$ 时，空间尺度是比较亲切的，人漫步其中，会产生愉悦感。一般来说，视角越小或 d/h 值越大，墙的空间阻挡性越弱，反之则阻挡性和封闭性越强（图4-8）。

（2）墙与空间

由于"墙"在空间中起到阻挡和渗透作用，墙的密实程度也会体现出不同的空间感受（图4-9）。平面空间中的"墙"形成一个简单的空间场，有两个面且面对不同的空间域。此时，在分隔空间时成为两个空间之间的分隔界面，可以通过不同的形式、颜色或纹理来表达不同的空间状况，比如用混凝土、石墙或其他

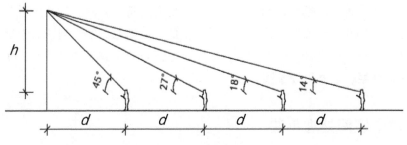

图 4-8　视角或 d/h 比值和空间封闭性的关系

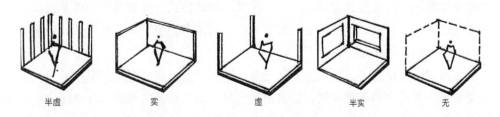

半虚　　　　实　　　　虚　　　　半实　　　　无

图 4-9　墙的密实程度与空间的封闭性

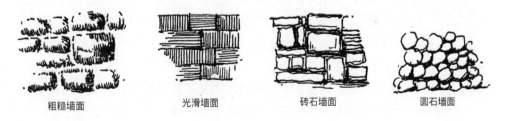

粗糙墙面　　　光滑墙面　　　砖石墙面　　　圆石墙面

图 4-10　墙的质感

材质，应根据不同的风格和作用来选择墙的形式和材质以确保使用的安全和稳定
（图 4-10）。

　　合理美观的景观墙可以有效地成为景观中的亮点，在空间环境中起到强化空间结构、增加空间层次的作用。景观中较低矮的墙可以结合花坛、绿地、坐凳等元素设计，起到防护、休憩的功能；也可以与景墙相结合，达成景观层次的多样性、丰富性。运用彩绘法、浮雕法、拼贴法对景墙进行装饰，也是展现人文内涵和情感表达的有效手段。另外，还可以与花架、廊架相结合形成半封闭式景观空

间，与假山、水景等元素搭配，创造具有动感与活力的特色空间。与此同时，墙可以明显地起到隔离外界噪声的作用，对景观中的一些休憩场所起到积极作用。因此，应注重墙与景观设计要素的融合，既突出划分空间又兼顾造景装饰，使得内外空间得以联系，增添景观氛围。

二、单个空间处理手法

景观空间的处理应从两个方面来考虑：单个空间和不同空间之间的关系。在处理单个空间时，应注意空间的大小、尺度、构成方式、构成要素的特征以及空间所表达的意义。就单个空间的处理而言，它需要考虑空间本身的设计，这是创造空间个性的一种手段。

在景观空间设计中，要对空间进行整体布局并创造丰富舒适的空间环境，这就需要考虑景观中的各种要素，如当前的环境、地形及人的需求等。根据功能的不同对景观空间加以限定，从而创造出丰富的景观层次。其方法包括围合、覆盖、抬高和下沉等。

1. 围合

围合是通过包围的方式来限定空间，其包围的中间部分是人们使用的主要空间。其实，不同的包围元素不仅影响着内部空间的状态，也影响着内外空间的关系。如果空间被墙围合起来，则内外的空间联系感不强，互相隔绝；如果是通透性的包围，空间的内外就在视觉上有了更紧密的联系。此外，不同的围合元素会形成完全不同的围合感受。根据围合的景观要素的不同进行划分，一般为硬质围合和软质围合。根据空间围合的程度，又可划分为开敞、半开敞和封闭空间。

（1）硬质围合和软质围合

硬质围合是指用人工硬质景观要素完成的空间限定，是相对于植被等柔性要素而言的。例如，利用人工硬质微地形遮挡视线，用低矮的墙壁划分出两个空间。根据实体围合的具体形式不同，也会表现出不同的空间特征。

软质围合空间也较常用，一般是指植物围合。植物对于营造空间的作用远不止于它本身的色彩、体量、搭配等因素，更重要的是不同植物之间的空间组织会对整体景观围合感产生影响。如孤植和群植对空间产生的影响是不一样的，在群植时更要注意树木之间的组合关系。树木的稀疏组合导致空间围合感差而视线通透，树木的密集组合有很强的空间围合感而视线相对封闭。

（2）开敞、半开敞和封闭空间

开敞、半开敞和封闭空间是指因围合程度和开放程度不同而形成的三种空间

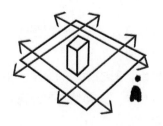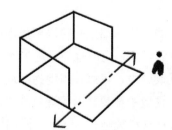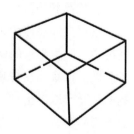

图4-11 开敞、半开敞和封闭空间

类型（图4-11）。开敞空间没有明显遮挡，视野开阔，与大自然紧密相连。这种空间形式具有开放性和流动性，适用于公共广场、公园、绿地等公共空间。半开敞空间部分围合，部分开敞，这种空间形式兼具半开放性和半私密性。半开敞空间适用于建筑物的外部和内部过渡空间，如庭院、走廊等。封闭空间是指完全围合，没有开放性，多用于私人场所、休憩空间、安静的阅读空间等。

2. 覆盖

覆盖是一种利用"顶面"来限定空间的处理手法，属于较为温和的空间限定方式。如下雨天撑起的雨伞，伞下所形成的小空间在上方受到遮蔽物的约束，而四周则呈现开放的布局。这种手法让人感受到一种独特的隐蔽感，同时也赋予了周围环境以不同寻常的氛围。

景观的覆盖面不仅包括植物的树冠，还包括了各种构筑物，如张拉膜、亭子和廊架等。这些构筑物不仅具备实用的遮阳和遮雨功能，还以其通透的设计给人一种开放感，使视线得以连通，同时保持了空间的连贯性。

与围合手法相比，覆盖手法虽然在形式上较为固定，但实际的表现形态却千变万化。在设计过程中，应根据空间的特点，结合实际功能需求，巧妙地应用覆盖手法。通过适当的形式、尺度和材质选择来实现覆盖，营造多样的竖向变化与连接，丰富空间体验感（图4-12）。

图4-12 通过顶面覆盖形成的景观空间

3. 抬高和下沉

根据空间功能的布局，使局部空间对局部场地进行抬高或下沉，可以强化空间层次，产生丰富的视觉效果，同时也与场地的地形相协调。

地面抬高：在景观设计中，可以适当地抬高局部地面，形成微地形效果。抬高的地面可以突出某一区域的重要性，营造特殊的视觉焦点。这种抬高可以通过土方工程创造，分为自然式和规则式，呈现不同的坡度和形态。

地面下沉：下沉式空间多用于需要私密性的庭院或花园设计，通过对局部地面的下沉处理，增加空间的氛围感和私密性。下沉空间与地面形成落差，可设置水景等增添趣味性。

三、多个空间的处理手法

在景观空间中，对多个空间的处理意味着对整个景观区域进行统筹布局，形成一定的空间序列。当一系列的空间组织在一起时，需要通过对比、重复、衔接、渗透、引导等多种处理手法，营造起、承、转、合的空间变换效果，进而形成主次分明、抑扬顿挫、变化统一的空间序列。

1. 对比与变化

空间的对比和变化是表现空间序列的一个重要手法，通过不同空间形态（包括大小、形状、明暗、开合等）、材料、质感、色彩等方面的对比，形成富于变化的空间艺术效果，让人在空间序列中产生多样化的心理体验。如在开阔的空间前加入幽闭的小空间，形成一种尺度的转换对比效果，增强空间的层次感和递进感。比

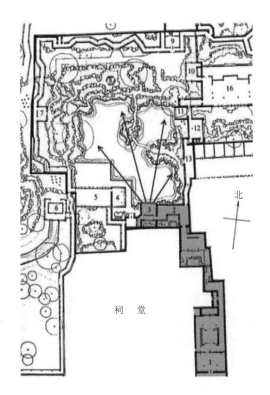

图4-13 留园空间尺度的对比转换

如苏州留园的入口空间通过一系列不同大小、不同开合程度的空间组合，使得空间层层递进，直到最后与水面空间形成巨大对比，达到强化游览体验的效果（图4-13）。此外，利用物体或空间的方位和动态变化，亦能形成空间的对比变化。

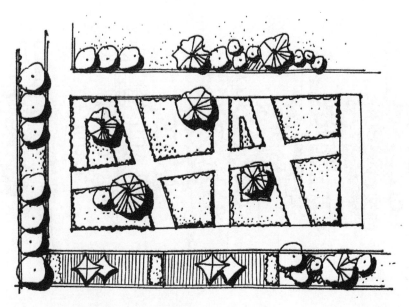

图 4-14　景观空间的重复与再现

如在纵向的背景中加入横向的景物，形成方位对比。同样，在静态的空间中加入动态的元素变化，如流水、喷泉等，形成动静对比，使景观更具生动性和活力。

2. 重复与再现

重复与再现是指在景观设计中重复使用某种特定的空间形式或空间要素，通过这些重复出现的空间形式或要素，为丰富多变的景观空间赋予统一的主题。重复和再现的使用主要是为了寻求空间之间的相似和相同。不同的空间有了共同之处，反复或有规律地重复就能形成节奏感和视觉统一感。重复与再现往往不是直接相连，而是穿插在各个空间之间，从而在重复和多样之间取得一种平衡，形成空间序列的秩序感（图 4-14）。

3. 衔接与过渡

衔接与过渡是景观中一种重要的空间序列组织形式，可以用来衡量从一个空间到另一个空间的便利与否，并反映观赏者穿过这两个空间时的心理感受。两个空间之间的过渡如果过于简单，会让人有突兀之感，无法给人留下深刻的印象。如果观赏者从一个空间走到另一个空间，经历从大到小、从高到低、从亮到暗的过程，就能够体味到多层次的复合空间，并获得连续而丰富的空间体验。

衔接与过渡一般通过两种方式实现：一是通过实体分隔，比如植物、景墙、门洞等；二是在两个空间之间设置一个独立空间作为过渡。过渡空间不仅具有实

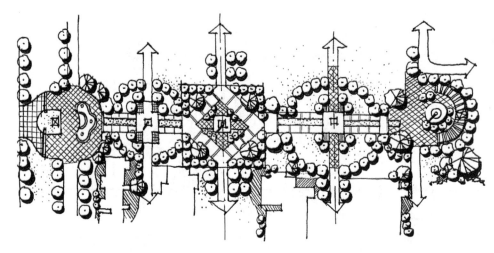

图 4-15　空间的衔接与过渡

用性，也能起到营造氛围的作用，过渡空间中的小品能够点缀和引导视线，以此来凸显与其他空间的联系与区别。

　　衔接与过渡如果要营造温和的效果，应当避免尺度、形态等方面的剧烈变化，应在相邻的空间中引入相似的设计元素，包括植物、小品、材质、色彩等，使其在不同空间之间产生延续感，增强衔接。图 4-15 的方案中，在三个不同的节点空间之间加入两个相同的小节点景观形成衔接与过渡，增强了空间轴线的延续性。衔接与过渡如果要营造变化的效果，则应通过尺度、形态、明暗、开合等方面的强烈对比形成突兀感，让人在游览中产生强烈的视觉心理变化，增强游赏感受。中国传统园林中往往会综合应用两种效果，从而给人以丰富而多样的心理感受和游赏体验。

4. 渗透与层次

　　空间的渗透与层次主要产生于空间的分隔与联系。空间的相互渗透可以增加景观空间的深远感，并形成空间的层次感。单纯的空间分隔，没有渗透性，会令人感到单调无趣，通过向相邻空间的扩展和延伸可产生空间层次变化，既有韵律感又在视觉上起到了引导和指向性，使空间有近、中、远的变化，获得园中有园、景中有景的效果。这种处理手法可以让一个单调的空间充满节奏。

　　在景观设计中，各分区之间既要有一定的分隔，同时空间与空间也应是相互渗透、层次丰富的。因此，无论是古典园林还是现代景观设计，我们都不能将设计思维局限于单向的空间格局，内外空间之间的相互关系是设计必须考虑的重要问题。那么如何在空间设计中控制这种渗透，形成空间的层次感呢？关键在于对空间处理的虚实表达。通过调整限定空间界面形式的虚实关系，使得空间之间相互穿插、互为资借，体现出虚中有实、实中有虚的效果，从而获得丰富的空间层次。这意味着，在处理空间的边界时，应多采用虚隔的方式，实现空间内外的视线连通，这也有助于保证空间内部的安全性（图4-16）。

图4-16　通过植物虚隔形成的休憩空间

5. 引导与暗示

在实际的景观空间组合序列中，人由一个空间到另一个空间，不可能像看平面图一样对于空间的分布一目了然。因此，要通过引导与暗示的手法，利用人的心理特点和习惯，合理而巧妙地设计和安排路线，使人自然而然地沿着一定的方向从一个空间依次走向另一个空间。有时设计师也会有意把一些"趣味"空间放在隐蔽处，再通过某些景观元素的引导与暗示，产生柳暗花明、豁然开朗的心理感受。引导与暗示是一种艺术化的处理方法，它不是路标式的信息传递，而是通过人们感兴趣的某些形式、色彩等来引导人的行为，使人获得设计师希望达到的空间体验效果。

空间暗示和引导需要设计师发挥创意思维能力，比如以弯曲的墙面，把人流引向某个确定的方向，并暗示另一空间的存在；利用特殊形式的楼梯或特意设置的踏步，暗示出上一层空间的存在；或是通过铺装图案、植物、景观小品的设置暗示出前进的方向等等。巧妙的空间暗示和引导是使空间具有自然气息的重要手段，同时也能给连续的外部空间序列增添了无限的情趣和艺术感（图4-17）。

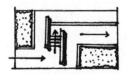 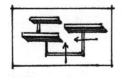  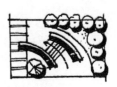

图4-17　景观空间的引导与暗示

第三节　常用的造景手法

景观设计的目的就是要创造出符合人们需求的、具有美感的空间环境。空间的处理提供了载体，视觉美感的形成还需要进行景物的营造。景物营造既要符合自然规律，又要进行艺术加工，在这方面中国传统园林为我们留下了很多值得学习的造景手法。

一、主景配景

环境空间中的景物应有主次之分，主景是环境空间的重点与核心，配景从属于主景，起到烘托的作用，两者相辅相成构成完整景物。在设计实践中，主景应位于整个空间的构图中心，是空间的视觉焦点与核心；配景主要是前景和背景，前景起到丰富主题的作用，背景应处理得简洁、朴素，起到烘托主题的作用。

营造主景常用的方法主要有两类：一是主体升高，主体升高在构图中可以使景物更为突出，产生仰视的观赏效果，并可以蓝天、远山为背景，使主体的造型轮廓突出鲜明，不受或少受其他环境因素的影响，如北京颐和园佛香阁、北海公园白塔等；二是将景物放置在轴线的端点或交点上，或者安排在整个构图的重心上，在主体前面的两侧，通常可以配置一些前景来强调主体。

将景物置于空间轴线的端点，可以产生宏伟庄严的艺术效果，一般纪念性景观往往采用这种手法。例如，南京中山陵主体建筑位于空间轴线的端点，它依山而建，由南往北沿中轴线逐渐升高给人以庄严肃穆的感觉，创造出开阔宏大的空间效果。

二、对景

位于空间轴线或景观视线端点的景称为对景，它可以使两处景观互相观望，从而突破空间局限，产生无限深意。对景可以分为正对景和互对景两种，设置于空间轴线两端的景称为正对景，设置于景观视线两端的景称为互对景。正对景主要用于规则式景观空间，能取得严肃庄重的环境效果，比如传统欧式园林中的景物大多设置于轴线两端形成正对景。互对景主要用于自然式景观空间，能取得自然活泼的环境效果，在中国传统园林中景物的设置大多自由地分布于视线两端，任意两处相邻景物之间都能形成互对景关系，使得景物之间相互联系，极大地丰富了空间的观赏体验。

三、分景

中国传统园林多采用分景的手法，把大空间分隔成若干变化多样的小空间，形成丰富的景色。分景按其目的作用和景观效果，可分为障景和隔景。

1. 障景

在景观环境中通过屏障景物抑制视线、引导空间的手法称为障景。障景使人的视线受到限制，空间引导方向发生改变，转到另一空间往往有豁然开朗之感，即"欲扬先抑、欲露先藏"的设计手法。障景本身就是一景，可以是山、石、植物、建筑（构筑物）等。例如深圳荔枝公园南门以假山、植物和瀑布形成入口景观，不仅能让游

图 4-18　深圳荔枝公园南门

客在此驻足欣赏，而且形成了良好的障景效果，假山两侧的小道入口又给人以"曲径通幽"之感（图 4-18）。

2. 隔景

凡将景观环境分隔为不同空间、不同景区的手法称为隔景。隔景的主要目的是分隔不同的功能景区，避免各景区相互干扰，同时也能隔断部分视线和游览路线，使得空间"小中见大"。其中，以实墙、建筑群、山石、密林等分隔为实隔；以水面、桥、漏窗、廊、花架、疏林等分隔为虚隔。

四、框景

框景是在空间中用门、窗、树木、山洞等来框取局部空间景观之精华美景，形成将画面镶入框中的一种造景方式，实际是用有限空间的画面在无限空间中捕捉局部画面的一种方法。"框景"分为"框"和"景"两部分，"框"的美妙之处在于不同的外框形状可以框出不同的风景，而且会随着人的视角而改变并达到移步换景的效果。

通过框景的设置将环境中的精华景色统一在一幅精美的画作中，以简洁、暗色调的风景画框为前景，使观看者的视线通过景框高度集中在画面的主景上，形成古人所说的"尺幅窗、无心画"的艺术效果。在传统园林中多用建筑的窗框、门洞或廊柱与檐、栏构成各种各样的外框形状，将景物以最佳的形状"勾勒"出来，构成意境绵延的精美画卷（图4-19）。在现代景观设计中，利用门框、窗户、栏杆、篱笆、墙体、挡土墙等元素，将景观空间进行框限，也可突出特定区域的景观。

图 4-19　拙政园嘉实亭中的框景

五、夹景

远景在水平方向视界很宽，但其中又并非所有要素都很动人。因此，为了突出理想景物，常将左右两侧以树丛、树干、土山或建筑等加以屏蔽，形成左右遮挡的狭长空间，这种手法称为夹景。夹景是运用轴线、透视线突出对景的手法之一，可增加园景的深远感。同时，夹景也是一种带有控制性的构景方式，它不但能表现特定的情趣和感染力，以强化设计构思意境，而且能够诱导、组织、汇聚视线，使景视空间定向延伸直达端景。

传统园林中常用的夹景手法有山石夹景法、绿化夹景法、建筑夹景法。以上三种方式分别在轴线两侧用山石、花木、建筑作为屏障，使得游人的视线被中心景观吸引而沉浸其中，无法看清道路两旁远方的场景，从而让景观更具观赏性。

在现代景观设计中，我们也可以运用古典园林中的这一手法。例如，利用成排的树木或林带、建筑物在水平方向上对视线加以限制，引导视线穿越空间，最终聚焦于某一特定空间；或者在公园内部设置一排建筑，形成一条景观通道，将视线引导到公园的核心景观区域，突出该区域的景观特色。

六、借景

在中国传统园林中，根据景观周围环境的特点和造景需求，在视线范围内把园外的景色有意识地组织到园内，成为园内景观的一部分，这便是借景。借景可以扩大景物的深度和广度，使原本有限的园林空间得到丰富。在现代景观设计中，借景已经成为一种常用的设计手法。通过巧妙地借用周围的景观元素，可以增强景观的连贯性和整体性，提高景观的美感和价值。借景的处理方式因距离、视角、时间、地点等不同而有所不同，包括近借、远借、仰借、俯借、因时而借等形式。

1. 近借

近借，也称邻借，是指将临近场地的各类景观要素组织进来。一般来说，只要是场地附近优美的景色在设计时都可以留出视线空间，从而丰富游人的观赏体验。比如苏州拙政园内各空间均借取了相邻空间的景物，使得空间内外景色融为一体。

2. 远借

远借，指在景观空间中将空间外远处的景物组织进来，包括山水、树木、建筑等，如无锡寄畅园远借锡山龙光寺塔、苏州拙政园远借城西北寺塔等都是远借的经典实例（图4-20）。

图 4-20　苏州拙政园远借北寺塔

3. 仰借

仰借，指借高处的景物，将高大的景物如峰峦、峭壁或邻寺的高塔利用仰视的方式为我所用都属于仰借范畴。

4. 俯借

俯借，指在登高望远俯瞰景观边界外的景物。俯视视野开阔，扩大了空间感，苏州拙政园的宜两亭就是俯借的佳例。宜两亭突出于廊脊上，使得整个拙政园的景色变得绵延不绝，登上亭子可俯瞰园中的水光山色，体现了"巧于因借，因势制宜"的艺术构想，对当代景观设计具有十分重要的借鉴意义。

5. 因时而借

因时而借，指环境根据大自然四季变化的规律会呈现不同的景象，借取一年四季大自然的变化来增加园林景致的吸引力从而营造出整个环境的氛围和趣味性。强调景观四季变化，体现了造园对场地与气候的尊重，并根据其变化特点而造景，这是一种技艺高超的景观设计手法。比如，西湖十景中的雷峰夕照借落日夕阳成景，断桥残雪则借积雪初融之际，桥的一半仍覆盖积雪形成"断"桥景色。

除了以上造园手法，还有漏景、泄景、引景、藏景、添景等手法，根据景观的不同而表达不同的意境之美，达到或开朗或收敛或幽深或肃穆等艺术效果。中国园林景观强调"天人合一"的思想，倡导"虽由人作，宛自天开"的自然哲学观，通过以上多种多样造景手法淋漓尽致地表现出来，这些都是现代景观创作的源泉。

第五章
景观设计的基本流程

第一节　任务书阶段

在我国,景观设计任务的主要形式为委托设计和招标设计。不论采取哪种形式,都需要委托方或招标方提供翔实的设计任务书,为设计团队明确任务内容与要求。

任务书首先要提供项目的基本概况,包括名称、地理位置、规模和功能等,这有助于设计团队对项目有一个全面的初步认识。其次,任务书中应明确设计所需遵守的法律法规、政策以及行业标准,确保设计方案的合规性。此外,还需要说明选择设计团队的方式,是直接委托还是通过公开招标,帮助设计团队了解其所面临的竞争环境,从而制定出更有针对性的设计策略。

任务书还需详细列举对设计成果的具体要求,包括图纸展示、文字说明以及成果提交的格式。明确这些要求可为设计团队提供确切的工作方向。同时,也需阐述评审设计方案的标准和方法,使设计团队在制定方案时能更有针对性。而对于日程安排和费用补偿,任务书应给出明确的时间计划与费用标准,确保设计的流程顺畅,同时也保障设计人员的合理权益。

在任务书阶段,设计人员的核心职责是深入理解委托方的明确要求。这不仅包括设计的造价、时间限制等基础信息,还有委托方对项目本身的想法。通过细读任务书,设计人员可以鉴别出哪些领域需要深入调研,而哪些只需做基础了解。具体来说,任务书中关于项目概况的部分,如项目名称、地点、规模和功能等,为设计者提供了初步的项目框架。同时,任务书也会列明设计必须遵守的法律、政策和行业标准,确保设计人员制定的方案是合规的。关于设计成果,任务书应详细说明如何展示设计、文字的撰写方式以及成果文件的格式和内容,这决定了设计的表现方式和重点。

任务书虽主要是文字描述,缺乏图面展示,但其中的每一细节都至关重要。因此,设计师必须对任务书的每一条要求都仔细解读,发掘设计的重点和难点,根据任务书的相关要求来进行设计构思,明确后续的工作重点和策略方向。对于任务书中交代不够清楚的地方要及时与甲方进行沟通,确保设计方案的合理性,从而为后续的设计工作奠定坚实的基础。

第二节　场地调查和分析阶段

一、场地调查

　　场地调查是景观设计与施工前的重要环节之一，也是协助设计师解决所设计场地问题的关键步骤。设计师通过实地勘察和数据收集，获取特定场所的详细信息。在进行场地调查时，首先要亲自考察并记录场地的实际状况、周边环境特点和自然要素等。其次，需要收集各种与场地相关的数据，包括地理数据、气候数据和水文数据等。再次，还需要查阅相关文件和资料，了解土地规划、权属状况和限制等重要信息。与当地居民和管理者进行交流与访谈也是必要的，以获取关于场地的看法、意见和需求。同时，通过图像资料分析和实地调查记录等手段，对场地进行进一步分析和比较。最后，在整个调查过程中，需要具备相关专业知识和技能，并与相关部门和当地居民建立良好的沟通与合作关系，以确保获得准确、完整和可靠的调查结果。

　　场地调查对于景观设计至关重要。通过有针对性的调查和收集必要的资料，设计师可以在独立思考和创造性思维的基础上提出优秀的设计方案。调查现场的目的是发现待解决的问题，并提出合理可行的解决办法。但需要明确的是，调查并不能取代设计师的思考和创造力，调查活动也不能立即得出设计方案或确定实施方向，调查之后还需要对获取的资料进行整合分析。

二、场地分析

　　场地分析是对一个特定场所进行全面评估和研究，以了解其区位、自然要素、周边环境条件和社会人文要素等方面的情况。在进行场地分析时，需要考虑以下几个方面内容。

　　首先，是场所区位分析，这包括对场地地理位置的评估，例如交通便利度和市场接近度等因素。同时，还要考察场所附近的设施和服务，如公共交通、商店、学校、医疗机构等，以确定其对项目的便利性和可达性。

其次，在场地自然要素分析中，需要研究气候因素、地形地貌、水文条件和生态环境等因素。通过评估气温、降水量、季节变化等气候条件，来了解其对项目的影响。同时，考虑场地的地形特征，如坡度、坡向、高程等，以确定对项目建设的限制或影响。此外，还要调查场地的水资源、水体分布、水质情况，对项目的水资源利用和环保措施进行评估。对于生态条件较好的场地，还需要考虑场地的生物多样性、植被覆盖、野生动物分布等生态环境因素，以保护生态环境并规划项目的生态保护策略。

再次，是场地周边环境条件的分析。这包括研究周边地区的土地用途规划，了解规划限制和影响。同时还要考察周边是否存在类似的项目，并确定其服务范围，以评估竞争和市场需求。此外，分析周边居民或用户的行为模式、消费习惯等，为项目定位和运营提供依据。还需评估周边道路网络的情况，包括交通流量、道路拥堵情况等，以确保项目可达性和交通安全性。

最后，场地分析还需要考虑场地的社会人文要素。这包括研究场地的历史背景、重要事件等，以尊重文化遗产并合理规划项目。同时，调查周边是否存在重要的名胜古迹，了解其对项目形象和吸引力的影响。还需要研究当地人民的传统习俗、文化特点等民风民俗，将其纳入项目规划和体验设计中。

场地分析需要特别注意以下几点问题：

（1）视觉环境分析：对场地周边的视觉环境进行分析。考虑景观的开放性、是否受到遮挡物的影响、景观与周边建筑之间的关系等因素，以确定如何最大限度地利用和改善视觉效果。

（2）功能性需求分析：根据场地的功能性需求，评估设计方案所需的各种设施和功能区域，如游乐区、运动区、休闲区等，确保设计方案满足场地的功能要求。

（3）环境可持续性分析：考虑场地的环境可持续性，包括水资源利用、能源使用、废弃物处理等方面。评估景观设计的可持续性和生态效益，以使环境更加友好。

（4）安全性分析：评估场地的安全性和风险情况。考虑交通安全、防止犯罪、自然灾害风险等因素，并在设计中采取相应的措施，确保场地的安全性。

（5）可访问性分析：评估场地的可访问性，包括无障碍设施、通行路径、交通连接等。确保场地对所有人群（包括老年人和残障人士）都具有友好的访问条件。

深入、透彻地进行场地分析，为主题方案的提出和最终方案的实施提供了充实的材料，并奠定了基础。在现场拍摄照片的同时，观察地形地貌，收集与基地相关的资料，补充和完善任务书和设计委托方提供的不完整的资料内容，并对整个基地及其环境状况进行综合分析。收集的资料和分析结果应以图面、表格或图解的方式进行表示。

第三节 方案设计阶段

方案设计阶段是根据场地调查和需求分析实现具体景观方案的关键。在这个阶段，设计团队将通过一系列具体步骤和环节，逐步构建和完善景观设计方案，以达到美学性、功能性和可持续性的目标。

方案设计阶段的第一步是在进行总体规划构思之前，认真阅读业主提供的设计任务书。通过多次阅读和充分理解任务书中的要求，我们可以在总体规划过程中准确把握业主的需求，并为后续的设计阶段提供准确的指导和参考。同时设计师需要与业主进行多轮的讨论和交流，了解他们对景观设计的期望、喜好和功能需求。在与业主的沟通中，设计师可以提出一些关键问题，以帮助他们更好地理解客户的需求。除了与客户的沟通，在进行了相对准确的现场调研分析之后，就需要设计师对这些经过分析的材料进行整合，对场所进行主题设计定位，提出一些方案构思和设想，进而提出场所设计方案的系列过程。

一、 设计主题

设计主题是指在景观设计过程中所选择的核心理念或概念，用于指导整体设计方向和创意表达。设计主题可以是抽象的概念、自然元素、文化特征、历史背景或环境特点等，以营造出独特、有意义和富有情感的景观空间。在选择设计主题时，需要考虑项目的定位和功能，与业主和利益相关者进行沟通，充分理解他们的期望和需求。设计主题应能够与场地特点相契合，形成统一的设计风格和理念，为景观设计提供整体性和连贯性。

各种景观设计主题，如自然、文化、现代、社区参与或可持续，都反映了其特定的价值和核心理念，旨在为人们提供与众不同的空间体验。自然主题景观以自然元素为灵感，追求回归自然和生态友善，这种设计往往通过天然材料、植物的引入和地形的模拟来表达自然之美。而文化主题则更注重地方文化和历史的体现，它融合了当地的传统建筑、艺术和习俗，为人们呈现出浓厚的文化氛围。相对地，现代主题更加强调与时俱进，它融合了现代化的技术和材料，展现都市的活力和前沿感。社区参与主题着眼于居民的互动和参与，鼓励社区的共建共享，通过开放的公共空间和交流场所强化社群联系。而可持续主题景观设计以环境保护为核心，它倡导绿色、节能和循环利用，如采用雨水收集和植物生态过滤等技术，实现真正的生态友好和可持续发展。

二、功能分区

在确立了景观设计的构思和主题之后，下一步是进行功能分区的规划设计。场地的功能分区是从宏观角度对景观设计进行整体把握的过程。首先需要对原有场地的功能分区进行分析，确定是多种功能混合还是只有单一功能。这个分析是通过现场调研和与相关人员的研讨得出的。在现场调研中，设计团队会对场地进行详细观察和记录，了解现有的功能分布情况、地形地貌特征、交通路径等。同时，与业主、使用者和相关专业人员进行沟通和交流，收集他们对功能分区的需求和意见。基于现场调研和研讨的结果，设计团队将制定功能分区的规划方案。根据使用需求、空间比例和尺度、人流和交通、场地特点和历史文化等因素，方案会考虑到不同功能的组合和布局，以及各功能区之间的关系和连通性，以实现合理的布局和协调的整体效果（图5-1）。

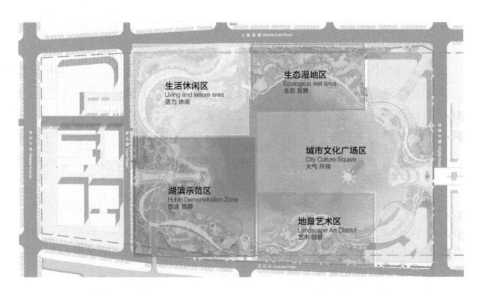

图5-1　景观功能分区图

三、交通流线

分区完成后，路网的分析、改造和重新设置成了核心任务。这是因为路网不仅连接了各个功能区，还直接影响着公共环境的整体布局和不同人群的出行需求。

主干道的位置至关重要。确定它的位置时，我们主要基于功能分区的需求来确保各重要区域得到有效连接。但同时，考虑到整体可达性，我们也需要确保主干道与周边的道路、重要目的地及公共交通网络的顺畅接驳。而次干道和游憩小路则有其特殊的定位考量。次干道主要在各功能区域之间提供便捷的通道；游憩小路则更多地布置在绿化带、休闲区或景观点，为使用者提供了一个舒适的步行或欣赏自然风景的环境。

设计路网时要兼顾功能分区、景观设计、整体可达性及道路规划的多重要求。我们的目标是确保交通的流畅，并满足各类人群的出行和休闲需求（图5-2）。

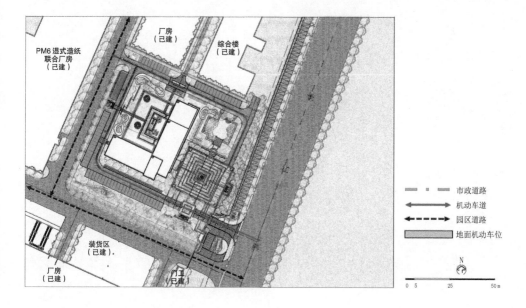

图 5-2　交通流线分析图

四、方案沟通

　　方案设计阶段是景观设计中最具创造力和策略性的环节。设计师应该以客户的需求为导向，通过深入的创意和设计思考，将抽象的理念转化为具体可行的方案。在这个过程中，设计师努力找到功能性、美观性和可持续性的平衡点，目标是为公众创造一个既美观又实用、令人愉悦的景观空间。

　　完成方案设计后，下一步是向客户和利益相关者展示设计。图纸、模型等展示工具不仅能够呈现整体布局、植物配置和景观元素的摆放细节，还让客户更直观地理解设计的结构和各个组成部分。设计师在呈现时，确保所提供的信息既准确又易于理解，关键尺寸和材料选择等细节也应详细标注，这有助于客户更好地了解设计的外观和整体氛围。

　　设计方案不仅是为了展示，更重要的是为了沟通。设计师会与客户深入交流，解释设计理念、方案的主要特点以及它与周边环境的关系。同时，设计师应倾听客户的意见和反馈，确保设计能够满足客户的期望。这种双向的沟通有助于不断优化和完善方案，使其更加契合客户的预期和需求。

第四节　详细设计阶段

　　详细设计阶段是基于概念设计的深化设计，也被称为扩初设计阶段，旨在细化设计内容并满足施工图设计的要求。在这个阶段，设计师需要对方案概念设计进行修改和完善，同时注重细部设计。

　　详细设计阶段的任务之一是对设计内容进行细化和调整。根据委托方的评审和沟通意见，设计师会对方案中的景观元素、空间组织、材料选择等进行进一步的调整，以使设计更加精确和实用。通过细化设计，设计师可以优化方案并提高其实施效果。另一个任务是修改方案图纸以反映最新的设计要求和变化。设计师会根据委托方的反馈意见对方案图纸进行修改，可能涉及平面图、剖面图、立面图等方面的调整和更新。这些修改将确保方案图纸与实际设计相符，为后续的施工图设计奠定基础。

　　在详细设计阶段，设计师还需要考虑施工图设计的要求。设计师必须注重设计的准确性和可操作性，以确保方案图纸能够顺利制作成施工图，并为施工提供必要的指导和支持。此外，设计师还需要准备施工图设计所需的数据和信息。具体包括详细的尺寸规格、材料标准、施工工艺等（图5-3）。通过准备充分的数据，设计师可以确保施工图的准确性和可行性，为后续的施工过程提供有力的支持。设计师与委托方之间的沟通和确认也非常重要。设计师需要与委托方保持密切的联系，并及时修改和调整设计内容，以确保设计方向和要求的一致性。这种沟通将促进设计师和委托方之间的理解和合作，确保设计目标的实现。

　　在详细设计评审会上，专家意见更集中且更有针对性。设计负责人应简洁地根据先前评审的反馈介绍修改，并解释未改动的部分。如有可能，利用多媒体技术增强讲解的形象性。经过这些评审，总体规划和具体设计通常能得到批准，为施工图设计奠定基础。简言之，详细的扩初设计使施工图设计更为顺畅。

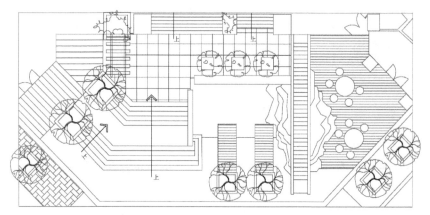

扶梯水景平面图

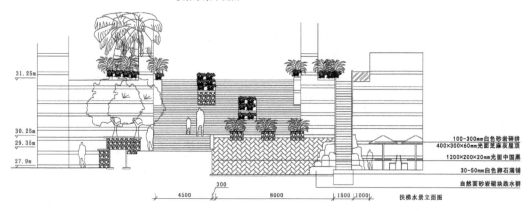

100-300mm白色砂岩碎拼
400×300×60mm光面芝麻灰屋顶
1200×200×20mm光面中国黑
30-50mm白色卵石满铺
自然面砂岩砌块跌水群

扶梯水景立面图

图 5-3　景观局部详细设计

第五节　施工图设计阶段

在景观设计的施工图设计阶段,设计师应将前期成果转化为具体的施工指南。景观施工图是一个包含详细信息的文档,用于指导施工人员进行各项任务,并确保设计方案的准确实施。景观施工图是景观建设的初始性步骤,要想设计出科学合理的施工图,需要严格执行施工图纸前期准备工作、核对图纸工作、施工图绘制以及施工后期的配合等几个步骤:

一、前期准备

在进行施工图纸设计之前,设计师需要进行一系列的准备工作。首先,他们应该对工程的设计理念和设计风格有初步的理解,并认真听取项目会议内容,记录相关会议中的设计要求和目的。此外,设计师还需要与设计团队中的其他成员进行充分的交流,以便提出图纸中可能存在的问题并进行讨论。设计师应准备一份设计方案的平面图,将主要道路、次要道路以及需要建设的具体建筑设施标注在图上,并详细标注各个建筑物的位置、大小以及室内分区等内容。设计师还需要判断相邻节点之间的设计间距是否合理,确保功能布局的合理性和舒适性。在设计过程中,设计师应考虑不同人群的喜好特点,选择适合的出入口材料和设计样式。此外,他们还需要合理安排树木、花草、小山丘、水池等景观元素,以激发用户积极参与户外活动和玩乐的兴趣。最后,设计师应认真分析甲方的需求,了解甲方的设计要求,并积极与相关专业人员进行沟通,明确分工,以便设计出科学满意的施工图纸。

二、核对图纸

在施工之前,确保图纸的准确性非常重要,因此进行核对工作是必不可少的。核对图纸主要包括以下三个方面:首先,需要对施工所涉及的所有图纸进行核对。

这意味着要逐一检查每张图纸,确保其内容准确无误。核对过程中应检查建筑物的尺寸、位置以及构造细节等,并与实际需求和设计要求进行比对。其次,需要核对图纸之间的相关关系。这意味着要检查不同图纸之间的接口和连接点是否一致,确保各个图纸之间的协调性与一致性。例如,平面图、立面图和剖面图之间的关系应该是连贯且完整的。最后,在核对完所有图纸相关内容之后,需要组织团队之间的交流改进会议。这样可以就图纸设计中存在的问题展开讨论,共同寻找解决方案。通过团队之间的交流和讨论,可以发现潜在的问题并加以修正,确保施工图纸的准确性和可行性。

三、绘制总图

绘制总图主要是为了让相关人员可以更加直观地对项目整体有具体了解,总图主要由总平面定线、总平面图、总竖向图、定位图、总平面铺装图、总平面灯位图、总平面设施索引图、总平面分区图等构成。

在绘制总图时,设计师应将景观方案与建筑总图有机结合,确保竖向、定位的合理性,并考虑广场、路网和景观元素间的尺度关系。将主要广场的排水坡度、高程、分水线、变坡线、排水方向和主路绘制出来,给出大地坐标点,绘制出无障碍设计的平面位置、主要水景的池底控制高程和水面、绿地中等高线高程。同时,还要标出铺装材料的统计表,统计表中需包含材料的规格、类型和使用位置等。此外,还需要绘制出主要的经济性指标统计表,以提供项目的经济性评估参考。

对于变化比较丰富、地形路差比较大的地块应绘制剖面图,从而让施工方深入理解竖向设计。对总图中的铺装形式进行统计后,应绘制出各种铺装样式的平面大样图,给出不同铺装交接位置的做法和构造的做法,对非车行铺装和车行铺装的做法进行区分。应在总图中将小品、阁榭、廊、亭、座椅、车棚、特殊雕塑等平面坐标绘制出来,并分别绘制剖、立、平面图,根据实际情况配结构图纸。

四、施工后期配合

在施工图设计阶段,设计方并非独自完成,还需要其他相关方面的合作。在施工图纸绘制完成后,需要进行全面检查,对各个方面进行核查,以修正可能存在的冲突。在核查过程中,各相关方面会参与其中,包括建筑设计师、结构工程师、土木工程师、电气工程师等。他们会仔细审查施工图纸，对建筑结构、土建工程、电气设备等方面进行评估和确认。如果发现了任何不一致或冲突的地方，相关方面将共同商讨解决方案，并进行相应修正。这可能涉及调整建筑结构、修改管线布置、优化电气设备位置等。通过多方的协作和核查，施工图纸可以得到准确修正，以确保实际施工过程的顺利进行，并最大限度地避免施工中的问题和延误。

通过绘制详细的景观施工图，设计师能够将设计方案转化为可执行的施工计划，并为施工人员提供具体的指导和参考。这有助于确保景观项目的准确性、一致性和美观性，并最终实现预期的景观效果。施工图纸是实施工程的基础性文件，具有重要的意义和多重角色。它不仅是甲方进行预结算的依据，也是施工方组织管理的主要参考标准，同时也是监理方进行监督管理的主要依据。因此，在设计图纸的过程中，必须严格按照图纸设计流程进行，并细致认真地完成每一步。

第六章
景观设计的图纸表现

第一节　图纸分类及要求

　　景观设计作品是感性认知和理性思维相融合的结果，其设计意图需要通过各种设计图纸来表达。可以说，景观设计图纸是景观设计师表达设计构思的基本工具，是设计师之间相互沟通设计理念的主要手段，也是业主了解作品完成最后效果的最直观方法。景观设计从接到设计任务开始到项目最终建设完成，其中包含各类的图纸，这些图纸按照设计深度可分为方案设计草图、方案设计图、方案扩初图、施工图，按照表达类型可分为平面图、立面图和剖面图、效果图等。

一、按照设计深度分类

1. 方案设计草图及其绘制要求

（1）方案设计草图

　　方案设计草图是景观设计的起点，也是设计师创意构想的初步体现。草图承载着设计师的思想，是将抽象概念转化为具体形象的桥梁，是设计灵感的初次呈现。草图能够帮助团队成员之间更好地沟通，也是与客户、合作伙伴交流的有力工具。它的重要性在于能够迅速捕捉设计师的初步想法，有助于快速探索多种可能性，为最终的方案打下坚实基础。通过草图，设计师可以在纸上勾勒出景观元素的分布、空间布局、线条走向、植物配置等，为后续详细设计提供有益的参考。因此，方案设计草图是创造美丽、实用、可持续的景观的重要起点（图6-1）。

（2）方案设计草图绘制要求

　　第一，草图必须明确地表达设计的核心理念和主题。它应当能够准确传达设计方向，让人一眼就能理解设计的整体思路。

　　第二，草图需要简洁明了同时又具备足够的表现力。用简洁的线条、轻巧的阴影和合适的标注，勾勒出景观元素的形状、大小和分布。草图中的空间布局是不可忽视的，要体现出不同空间之间的合理关系，清晰地将空间结构展现出来。

　　第三，草图的比例和尺度至关重要。设计师必须确保草图中的元素比例与实际设计相符，避免出现因尺度失调导致后期方案大幅修改的情况。

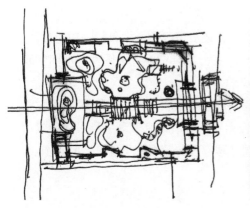

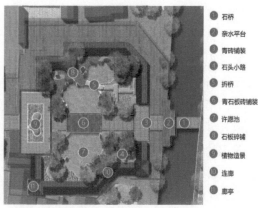

① 石桥
② 亲水平台
③ 青砖铺装
④ 石头小路
⑤ 折桥
⑥ 青石板砖铺装
⑦ 许愿池
⑧ 石板碎铺
⑨ 植物造景
⑩ 连廊
⑪ 廊亭

图 6-1　方案设计草图　　　　　　图 6-2　方案设计图

第四，草图中要注重突出重点，运用线条、颜色和标注等方式，强调特色景观要素、主要路径等关键部分。

第五，在草图的绘制过程中，设计师需要保持灵活性，随时根据讨论和反馈进行调整和改进。同时，草图应该清晰易懂，能够为其他团队成员和利益相关者提供准确的信息。勇于创新是草图阶段的必要品质，设计师应多尝试不同的设计方案，寻找最佳解决方案。

2. 方案设计图及其绘制要求

（1）方案设计图

方案设计图是方案的概念设计也称方案初步设计，就是在综合考虑任务书所要求的内容和基地内外条件的基础上，对场地进行主题设计，提出方案的构思和设想，进而提出场地设计方案的系列过程。当基地规模较大且所安排的内容较多时，就应该在方案设计之前先做出整个景观的用地规划或布置，保证功能合理，尽量利用基地条件，使各项内容各得其所，然后再分区分块进行各分区或节点的方案设计。若范围较小，功能不复杂，则可以直接进行方案概念设计。通过精心制作方案设计图，设计师可以将创意和概念形象化，并向利益相关者传达设计意图。这个阶段的图纸应尽可能准确地展现设计师的创意构想，为后续的扩初图和施工图提供坚实的基础（图6-2）。

（2）方案设计图绘制要求

第一，在绘制方案设计图时，必须明确空间和各要素的规划布局、形式及尺度。设计师需要确定各个景观元素的位置，包括建筑、植物、小品、水体、道路等。规划布局应考虑到景观的视觉层次、空间分隔和功能需求，并且准确表示各个景观元素的形式和尺度关系，从而达到各元素之间的比例平衡和视觉和谐，并与周围环境融合。

第二，完整的方案设计图除了平面图之外，还应该包括场地分析、功能分区、交通规划、竖向设计、剖立面图、种植设计、各分区详细设计等图件，从而完整而清晰地展现方案各个方面的构思。

第三，在平面图中，设计师使用不同类型的线条来表示路径、边界和轮廓线，以强调景观的形式和结构。设计师还需要使用图例或说明来表现各种景观元素所采用的材料类型、颜色和纹理，这有助于读者理解设计意图和呈现设计的氛围。

3. 方案扩初图及其绘制要求

（1）方案扩初图

方案扩初图是对方案设计图进一步细化和完善的图纸，是在方案设计完成之后的深化阶段，也是方案设计和施工图之间的中间环节，主要表现局部的细节设计以及各类景观建筑和小品的平、立、剖面大样。通过提供更详细的细节和指导，方案扩初图有助于确保设计的实现和质量控制，进一步反映我们设计的材料种类、尺寸、工艺、色彩等方面以及植物的种类及搭配关系，从而为施工图设计阶段提供基础。

（2）方案扩初图绘制要求

第一，在绘制方案扩初图时，需要更详细地展现各个景观元素的形态外观、结构以及材料细节。设计师可以使用比例较大的图纸来细化每个元素的细节，包括形状、尺寸、高度和材质等。

第二，如果设计中包括景观建筑及小品，图纸应明确显示其各部分尺寸、内部结构和所使用的材料。方案扩初图还需要包含所使用的植物种类和配置，在图纸上标注每种植物的位置和数量，并提供植物的名称和基本特征说明。

第三，扩初图还需对光照和照明进行考虑。设计师可以标注出自然光照的变化、夜间照明的位置和类型，以及需要特殊照明效果的区域，从而实现设计的视觉效果和安全性。

4. 施工图及其绘制要求

（1）施工图

施工图具有图纸齐全、表达准确、要求具体的特点，是进行工程施工、编制施工图预算和施工组织设计的依据，也是进行技术管理的重要技术文件。根据所设计的方案，结合各工种的要求分别绘制出能具体、准确地指导施工的各种图件，这些图件应能清楚、准确地表示出各项设计内容的尺寸、位置、形状、材料、种类、数量、色彩以及构造和结构（图6-3）。一套完整的施工图一般包括：文字说明、材料做法表、预算、总平面图、分区平面图、竖向高程图、绿化种植施工图、土方施工图、建筑小品施工图、大样节点图、电气施工图、给水排水施工图等等。

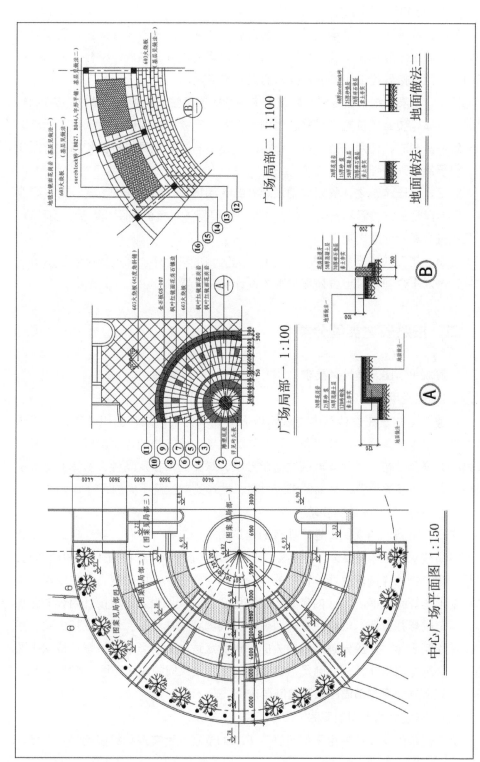

图 6-3　方案施工图

（2）施工图绘制要求

第一，施工图设计是景观设计中的最后一个环节，其质量直接影响建成的最终效果。施工图应精确、规范地绘制出设计元素的尺寸、位置、材料、工艺结构等内容，用以指导施工人员进行具体的工程施工。

第二，在表现细节程度时，应该力求图纸的准确性和清晰性。植物、构筑物、道路、水体等要素的位置、尺寸、比例等需要精确绘制，以确保图纸与实际施工的一致性。同时，使用规范的符号和标注，将不同景观元素的特征和属性清晰表达，便于施工人员理解。

第三，对于构筑物，需要详细表现其结构和细节，包括结构方式、材料厚度等，以确保施工的质量和安全。对于植物，需要标注栽植的间距、数量、品种等，以及栽植方式和注意事项。

第四，施工图还需要表现场地的地形起伏和水文特点，如地势高低和水流方向等，这对于合理安排土方处理和水体设计至关重要。

二、按照表达类型分类

1. 景观平面图及其绘制要求

（1）景观平面图

景观平面图是在设计范围内展示地面上景观元素布局和组织关系的二维图纸。它主要表现景观的占地面积、建筑物的位置、建筑物的大小及屋顶的形式、道路的宽窄及分布、活动场地的位置及形状、绿化的布置及品种、水体的位置及类型、景观小品的位置、地面的铺装材料、地形的起伏及不同的标高等。

（2）景观平面图绘制要求

先绘制出场地的现状，包括现有的建筑物、构筑物、道路、其他自然物以及地形等高线、周围环境要素等。接着，详细画出各设计内容的外形线和材料图例，如设计建筑物的详细轮廓线、道路的边缘线和中心线、地面材料、植物要素、水体、地形的等高线等。设计内容绘制完成后，加深、加粗各景观设计内容的轮廓线，绘制阴影并着色。这些步骤可以使图面的内容主次分明，表达更加生动、直观。在绘制阴影时，应先确定日照方向，再确定适当的阴影比例关系。景观平面图中，必须标明指北针、比例尺，必要时还需附上风向频率玫瑰图（图6-4）。

2. 景观立面图和剖面图及其绘制要求

（1）景观立面图和剖面图

立面图是景观设计中用于展示垂直方向上景观元素布置和组织的二维图纸，

图6-4 景观平面图

提供了侧视视角。同建筑立面图一样，景观立面图可以根据实际需要选择多个方向的立面，不同的是景观立面图因地形的变化而常常导致其他地平面不是水平的。景观立面图主要表达景观水平方向的宽度、地形的起伏高差变化、景观中建筑物或构筑物的宽度、植物的形状和大小、公共小品的高低等（图6-5）。

剖面图是用于展示景观元素在垂直方向上的切面特征和空间组织的图纸。与立面图不同的是，它是用一个假象的铅垂面切景观后，对后面剩余的部分进行正投影的视图。剖面图主要表现地形的起伏、标高的变化、水体的宽度和深度及其围合构件的形状、建筑物或构筑物的室内高度、屋顶的形状、台阶或花池的高度变化等（图6-6）。

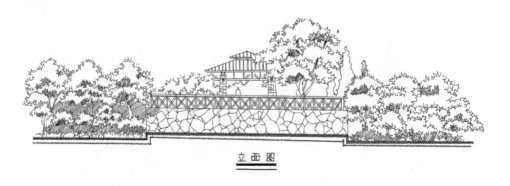

立　面　图

图 6-5　景观立面图

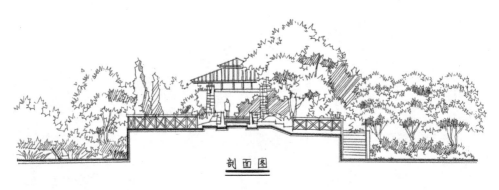

剖　面　图

图 6-6　景观剖面图

立面图和剖面图通常配合平面图使用，不仅可以提供对景观设计的立体感和细节理解，而且可以检验平面方案的空间合理性。因此，在方案草图阶段，不仅要绘制平面草图，还应该多做不同角度的剖立面草图，以核查平面方案在空间上是否合理。

（2）景观立面图和剖面图绘制要求

景观立面图绘制时，先选择好需要表现的方向画出地坪线。根据景观平面图上各要素的位置，确定建筑物、构造物的位置并绘出其轮廓线，再完成树木及小品等的轮廓线。其中地坪线最粗，建筑物或构筑物等轮廓线次之，其余最细。

绘制景观剖面图时，先选择好需要表现的方向和剖切的位置，在平面图上用剖切符号表示剖切位置和方向。绘出地形剖断图、切到的建构筑物、景观小品的剖面,再绘出其他没剖切到的建构筑物或小品,以及植物等自然要素的投影轮廓线。

对轮廓线进行加粗，其中地形剖断线和被剖切到的建构筑物剖面线最粗，其他轮廓线次之，树木及其他小品等内容线最细。在景观剖面图中，涉及水体时应绘出其水位线。在绘制剖面图时首先要了解地形，利用地形图上的等高线定出面的大体形态，其次要了解建筑物或构筑物的内部结构，这对正确绘制剖面图非常重要。

3. 景观透视图及其绘制要求

（1）景观透视图

透视图也称透视效果图，是一种将真实的三维空间形体转换为具有立体感的二维空间画面的绘图技法，主要目的在于表达工程竣工后的设计效果。它能直观、逼真地反映设计师的设计意图，表现预想中的空间、造型、色彩、质感等一系列构思，而这些在平面图、立面图中是很难表现出来的。透视图最能表现空间的真实感，因此不需要过多文字注释或图例说明。同时，透视图可以采用一点透视或两点透视绘制，这两种透视各有特点。在景观设计表现中，常见的透视效果图有鸟瞰图和场景效果图两种。

（2）景观透视图绘制要求

① 鸟瞰图

鸟瞰图是用高视点透视法从高处某一点俯视地面景物绘制成的三维效果图。因此，鸟瞰图便于表现景观环境的整体关系，善于营造一种宏伟、大气的效果，适合表现一些较大的空间环境群体或城市规划的景观效果（图6-7）。

图6-7　景观鸟瞰图

鸟瞰图的绘制首先要确定合理的场地轮廓边界，保证明显的近大远小以及合适的透视感。其次，要选择合适的视点高度。场地面积大、景物丰富、场地内有高层建筑，适合采用高视点，全面展现场地内的景物群体，俗称"大鸟瞰"；场地面积不大、场地内没有高层建筑，适合采用稍低一些的视点，可以更加细腻地展现场地内的主要景观元素，俗称"小鸟瞰"。最后，还注意前、中、后景的层次，保证近景的细节。

②场景效果图

场景效果图是指对局部景观区域进行透视效果绘制，所以多采用人的正常水平视线，看起来更加真实、生动。场景效果图可以细腻地展示不同景观元素之间的组合和空间布局，从而体现设计的关键特点和空间感（图6-8）。

场景效果图的绘制首先要明确表现什么，表现的主体可能是建筑，抑或是景观小品或植物。其次，要对画面构图有个合理的整体布局，构图能力可以通过优秀作品的临摹、实际场景的写生提炼来培养。同时，将要表现的主体放置于整个构图的最佳位置，并且进行充分地细节打磨。最后，完善前景、背景等配景元素。

图6-8 场景效果图

第二节　景观要素的表现技法

在开始进行方案的绘制前，我们需要思考如何将自己的方案清晰地表现出来。表现技法分为计算机表现和手绘表现，其中手绘表现技法在传递设计概念、表达创意和沟通设计意图方面起着至关重要的作用，这是一个合格的设计师所必须具备的基础能力。

一、计算机表现

当谈到计算机辅助绘制景观图纸的目的时，它与传统的手工绘图有着共同的目标，即将设计师的构思和设计意图以清晰准确的方式展现出来。计算机绘图的优势在于：

（1）易于被大众接受和理解。计算机表现追求的是一种写实手法，它能给观赏者提供一个直观、详细、真实、全面的视觉图像，更能被非专业人士所理解，容易取得较好的商业效果。

（2）能够将设计师从繁琐的绘图工作中解放出来。计算机表现图中对透视和光影的计算非常精确，相同的图例素材也可以直接复制粘贴，对操作者来说，只需要设置相关指令。因此，运用计算机绘图，可以把更多的精力放在构图创意上，提高作图效率。

（3）图纸便于保存。计算机的优势在于它可以将图纸以虚拟的形式呈现并保存，同时允许我们将其分成不同的专题和层次，便于建立相应的数据库。这种数据库的构建大大提高了工作效率，使得规划和设计工作变得更为高效。同时，图纸的数字化保存，也为工作人员提供了便捷的查询和检索功能。传统的手工绘图在查找特定信息时比较费时，而计算机图纸可以快速定位所需内容，节省了时间和精力。但是，计算机绘图的缺点在于画面通常会略显生硬、繁琐，缺乏生动、灵气的艺术表现力，在做草图时远远不如手绘更能自由地表现构思创意。

在使用计算机作图时，常用的软件有 AutoCAD（CAD）、PhotoShop(PS)、3DMAX、SketchUP(SU)、Lumion、InDesign。在设计方案制作流程中，通常前

期使用 CAD 来绘制图纸，然后用 SU 根据 CAD 的图纸进行建模，再将 SU 的模型导入 Lumion 中进行效果图的绘制以及场景动画的制作，最后再将效果图放入 PS 中进行调整和排版。

AutoCAD 是一款计算机辅助设计软件，也是景观设计中最重要的工具之一，贯穿始终。开始方案前，甲方提供原始 CAD 图，我们需要学会读图识图，只有读懂条件，才能更好地进行下一步的设计。景观设计中的前期概念到最后要落地的施工图，都无法脱离 CAD 的应用。

PhotoShop 不止在景观中，在其他行业也都是普遍应用的表现软件。在景观设计方面，主要用于绘制彩色总平面图、分析图、剖面图以及效果图处理等，其在二维图面的表现处理方面功能十分强大。类似这种功能全面的软件，我们要做的不是物尽其用，而是学会怎么让它更好地满足我们在景观设计中的需求。

SketchUP 是景观中最常用的建模软件，因为它的建模功能特别强大，在构建模型和方案推敲等方面可以生成直观的效果。对于景观设计来说，它简洁的界面和灵活的操作，可以很好满足我们多方面推敲方案的需求。此外，SU 有大量的插件，也可以弥补它自身的一些不足，SU 协同 V-Ray、Enscape 等渲染器，也可以有效地完成场景效果。

Lumion 是一个实时的 3D 可视化工具，对电脑配置要求比较高，但它仍然是被景观设计行业使用较多的渲染软件，可用于效果图和动画制作。Lumion 自带材质配景，操作方便简洁，效果直观细腻。随着版本的更新也加入了更多国内的树种，越来越多的设计人员选择用 Lumion 制作动画进行汇报。

InDesign 主要用于排版，在杂志和书籍出版中应用非常广泛。在景观设计中除了文本排版，也用于简单的分析图绘制，完成后可以直接将文档导出多种格式。结合 PhotoShop 使用，直接导入 PSD 文件关联 InDesign 后，如果修改 PhotoShop 文件，InDesign 会自动更新。

二、手绘表现

手绘景观表现作为一种用手操作、大脑思维、眼观察感知相结合所生成的图示语言，是景观设计师创作思考、沟通交流和即兴展示自我设计思想的重要手段。从创作过程初期的构思草图，到方案研究深化过程中的深化草图，再到确定方案后的景观设计效果图，手绘景观表现绘画在设计的各个阶段和环节都发挥着不可替代的作用。

与计算机绘图相比，手绘表现图具备几个显著特质。比如，手绘表现不受特定软件和设备的限制，可以随时随地进行创作，便于修改，为设计者提供更大的自由度。手绘表现也具有明确的说明性。通过手工绘制，设计者可以突出重点、标注细节，更清晰地传达设计思路和意图。正是这些独特的特点，使得手绘表现在设计表达方面拥有着不可替代的地位和价值。

1. 手绘的常用工具

（1）铅笔：铅笔是大众都很熟悉的绘图工具，在手绘中铅笔多用于打底稿和勾勒草图。

（2）针管笔：针管笔是手绘中最常用的勾线笔，用一次性针管笔可以画出流畅顺滑的线条。

（3）钢笔：钢笔的应用体验要低于一次性针管笔，因为如果快速画线就容易出现断墨，而且绘制的时候对笔尖的角度也有要求，灵活度不如针管笔。但是在绘制建筑草图等需要很硬朗的线条时，钢笔还是具有独特效果的。

（4）马克笔：马克笔色彩明快、携带方便、使用简单等诸多优点使其成为手绘上色最重要的工具。

2. 景观要素的绘制

（1）乔木

乔木是效果图中使用最多，同时也是表现难度最大的背景植物。画乔木之前，要多观察身边乔木的大体形态和特征。画乔木的时候，分为树冠和树干两部分。画树干的时候，要注意树干的比例，以及粗细和高度的比例关系。树干的根部较粗，枝端较细；主干较粗，分支较细。在画乔木的时候，树干虽然没有树冠重要，但由于树干非常简单，所以应该在第一时间解决树干的问题。

画树冠的时候，首先我们要知道树叶的生长态势是没有明确规律的，所以在画的时候也是越自然越好。一棵树的树叶有成千上万，我们不可能一一画出，所以需要对树叶进行概括。概括的方法很多，我们通常采取一种抖线的形法。在抖线的时候，要注意一些树叶的基本生长走势。比如有些树叶总是尖的一段露在外面，有些树叶则是圆的露在外面，在抖线的时候要适当加以体现。除此之外，还要考虑树干的分支点。有些乔木的分支点高，有些的分支点低，控制好分支点的高低，可以在一定程度上区别所画乔木的种类。

给乔木上色时最重要的有两点，一是整体植物的大光感，二是笔触的塑造。笔触既要表现树叶的自然性，但又不能过于凌乱；既要灵活，又要有章法。应注意暗部与亮部的衔接，以及枝干形态与叶片之间的自然搭配（图6-9）。

（2）灌木

灌木与乔木不同，植株相对矮小，没有明显的主干，呈丛生状态单株的灌木

图 6-9 乔木表现

图 6-10 灌木表现

画法与乔木相同，只是没有明显的主干，而是近地处枝干丛生。灌木通常以片植为主，有自然式种植和规则式种植两种，其画法大同小异，注意疏密虚实的变化。绘制时注意进行分块，抓大关系，切忌琐碎。相对于乔木上色，灌木上色可以更加的紧凑、细致，注意体感的处理。灌木通常不会像乔木上色一样放得开，需要更严谨一些（图 6-10）。

（3）棕榈类植物

棕榈类植物呈乔木状，但是高度悬殊，高的可以达到 10 m，而矮的可能只有 2~3 m。在画面中，棕榈类植物可以起到调节画面、使画面更加生动和丰富的作用。棕榈类植物的树叶细窄而尖锐，画的时候要对它们进行分组，不能一根根都独立地画出来，那样看上去太死板，缺少美感（图 6-11）。在手绘效果图中，这类植物有两种表现方法，一种是椰子树法，另一种是蒲葵树法。

①椰子树法：表现植物叶片多聚生茎顶，形成独特的树冠，一般每长出一片新叶，就会有一片老叶自然脱落或枯干。树冠由一个点向外呈散开状，每条主茎的叶片都呈扇形散开。表现时要根据生长形态把基本骨架勾画出来，根据骨架的生长规律画出植物叶片的详细形态；在完成基本的骨架之后开始进行一些植物形态与细节的刻画；注意树冠与树枝之间的比例关系（图 6-12）。上色时注意叶

图 6-11　棕榈类植物树叶

图 6-12　椰子树法表现　　　　图 6-13　椰子树法上色　　　　图 6-14　蒲葵树法表现

片叶梢的形态，还要注意对叶子缝隙通常用重色来刻画，笔触的走势要随着叶片的形态来进行（图 6-13）。

②蒲葵树法：通常我们称其为"球树"，它以树顶中心的一个树球为中心，叶子向外扩散开。每组叶子又由中心的一点闪开，呈扇形。树干通常都是横向生长的纹路，而且树干根部和顶端都较粗（图 6-14）。蒲葵树法上色与椰子树有些相似，但应注意整棵树的紧凑感。

（4）针叶类植物

针叶类植物由于颜色通常较深，而且刻画难度很大，所以通常都是用来作为配景。针叶类植物上色时，颜色通常较阔叶类乔木深，层次相对来说也不用刻画得那么丰富，常作为效果图的配景出现。

（5）地被植物

地被植物在效果图中最常用的就是草地了，至于其他的比如模纹之类的地被植物并不常用。除了色彩与草地不同外，其他的表现形式与草地和灌木也大体一致。画草地的时候，不能密密麻麻地把整个草地都点上"点"，要有节奏感地对草地进行分块。草地上色时，既要大面积地平铺，又要有一定的肌理感。这种肌理感可以用马克笔来塑造，也可以用彩铅来表达。

（6）植物平面

植物的平面画法原理就是利用正投影，以树木的树干为圆心，以树冠的平均半径做出圆形，再跟进树木形态加以表现。

绘制注意事项：①图中树冠的大小应该根据成龄树冠的大小按比例绘制。②不同种类的植物通常用不同的树冠线型来表现，常常以针叶树、阔叶树来进行区别表示（图6-15）。③平面图的绘制时要注意到不同的树冠大小，利用高低避让的原则来表现多棵植物相连，树冠小让大，低让高。当有大片树木成群时，可以只勾勒林缘线。

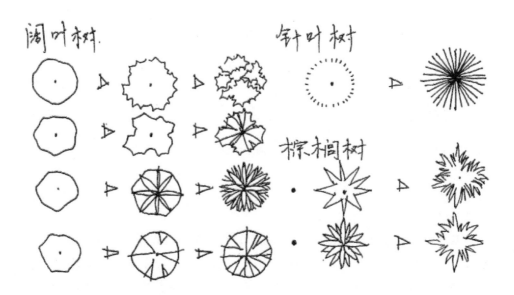

图6-15　植物平面图例

（7）铺装

铺装是硬质地面的覆盖材料，使用面积较广，种类及花样颜色较多。一般同一张平面图上的铺装形式要有变化，尽量用规则的线条和体块进行变化，各个功能区块铺装的衔接过渡要自然。常见的铺装材料有花岗岩、木材、砖类、石板类等；常见的平面图铺装形式有规则式和非规则式，如方格网式、冰裂纹式等。

铺装上色的基本方法是在统一色系上寻求变化，不宜用过亮或者过暗的色彩。铺装刻画的程度与所画图面比例的大小有关。一般在地块较大的总平面设计图中，要重点刻画主次入口及中心景观节点，其他区域给出范围轮廓即可；对于空间细节放大的平面图，则要求对铺装刻画细致一些。

透视图中的铺装一定要遵循地面的透视关系，要符合近大远小、近实远虚的规则。对于大理石、花岗岩等表面肌理比较光滑的铺装材料要有适当的反光处理，不需要太夸张；而地砖、石板类表面较粗糙的材料则不需要反光处理（图6-16）。

图6-16　铺装上色

（8）山石

山石在园林景观中使用得很多，无论是现代风格还是古典风格的园林景观，都少不了山石的出现。山石多用于假山造景、堤岸、园区造景等方面。石头是非常复杂的物体，每一块石头的样子各不相同。因此，在绘制山石的时候，第一要注意石头的块状感，也就是说石头是立体的，不要画得很平；第二要注意石头的自然感，不能让它看起来太过僵硬死板；第三是要懂得概括。我们手绘效果图不是写生的工具，不需要把石头画得太写实，不用每一个面都刻画到，只要把山石的样子概括起来以达到足够我们图面使用就可以了（图6-17）。山石上色时重点在于区分亮部和暗部，笔触不宜过多，表达出石头的体感即可。石头形状和质感变化多样，在平面绘制时根据不规则纹理能表现出粗糙、细腻等不同质感的石头，阴影的绘制可以更好地表现石头大小。

图6-17　山石表现

（9）水体

水体是景观设计中一个重要的组成部分，很多园林景观的设计都离不开水体。常见的水体造景分为自然式水体和规则式水体。自然式水体是指并非人工修葺的水池，而是自然界中流动的水。

尽管在自然界中，水大部分是呈透明无色的，有时会呈现出绿色或蓝色。但是，为了画面的效果，通常在手绘效果图中，我们会把水处理成蓝色。我们常用的水的感觉有两种：一种是波光粼粼的水，需要使用黑色的马克笔的侧锋来扫出水波的笔触；另一种是清澈透明的水，需要注意在水中刻画出反射的水面上的物体（图6-18）。画平面图时，水面可分为静水和动水。静水常用拉长的平行线画水；动水常用曲线表示，也可用波形短线条来表示动水水面。

图 6-18　水体表现

（10）景观建筑与小品

　　景观建筑与小品多种多样，在景观手绘表现中往往占据画面的主体，与植物、水景、山石等元素结合出现。因此，在绘制时首先要在图面的空间范围内，对自己要表现的对象进行组织安排，形成形象的部分与整体之间，形象空间之间特定的结构形式，也就是构图。构图的好与坏，会直接影响画面的视觉冲击和美感。通常，在画面中用笔快速勾画好空间效果，分布好要表现的建筑、小品与搭配植物，在确保建筑透视准确的前提下逐渐添加建筑勾画、水景、植物及其他要素的搭配，最后完善画面效果以及近处景观。

第七章

AI 与景观设计

第一节　AI 技术的产生与发展

一、诞生（1956 年）

AI（Artificial Intelligence），即人工智能，是 1956 年由麦卡锡（McCarthy）在达特茅斯（Dartmouth）关于"用机器模仿人类学习以及其他方面的智能"的学术会议上正式提出，达特茅斯会议被认为是全球人工智能研究的起点。此后，美国斯坦福大学人工智能研究中心的尼尔松（Nilson）教授认为"人工智能是关于知识的学科——怎样表示知识以及怎样获得知识并使用知识的学科"。作为 21 世纪的三大尖端技术之一，人工智能极富挑战性。从狭义上讲，人工智能是计算机学科的一个分支；从广义上讲，它是研究人类智能活动的规律，构造具有一定智能行为的过程。

二、形成期（1956 — 1974 年）

AI 产生之后，进入发展形成期：1957 年纽厄尔、肖和西蒙等研制了一个称为逻辑理论机（LT）的数学定理证明程序；1960 年麦卡锡开发了 LISP 语言，成为以后几十年来人工智能领域最主要的编程语言；1968 年美国斯坦福研究所（SRI）研发了首台智能机器人 Shakey，它拥有类似人的感觉，如触觉、听觉等。

三、第一次低谷期（1974 — 1980 年）

过高预言的失败，给 AI 的声誉造成重大伤害，20 世纪 70 年代初到 80 年代 AI 的发展进入第一个低谷期。例如归结法的能力有限，当用归结原理证明"两连续函数之和仍然是连续函数"时，推了 10 万步也没证明出结果来，AI 的发展进入低谷期。

四、黄金时期（1980 — 1987 年）

这一阶段实现了人工智能从理论研究走向专门知识应用，并显示出实用价值，AI 被引入了市场，是 AI 发展史上的一次重要突破与转折。例如，1981 年日本经济产业省拨款 8.5 亿美元支持第五代计算机项目，目标是造出能够与人对话、翻译语言、解释图像，并且像人一样推理的机器；英国开始了耗资 3.5 亿英镑的 Alvey 工程等。

五、第二次低谷期（1988 — 1993 年）

20 世纪 80 年代，专家系统（内部含有大量某个领域专家水平的知识与经验，可以利用这些经验解决问题的智能系统）在某些专业领域取得成功。但是专家系统的应用领域太狭窄，没有大数据的支撑，知识和经验的获取比较困难，更适用于科学研究，而非企业所设想的智能语音、语言翻译等应用。因此，到 90 年代初，AI 的发展再次陷入了低谷。

六、平稳发展期（1994 — 2011 年）

这一阶段机器学习、人工神经网络、智能机器人和行为主义研究趋向深入。智能计算（CI）弥补了人工智能在数学理论和计算上的不足，更新和丰富了人工智能理论框架，使人工智能进入一个新的发展时期。1997 年"深蓝"战胜国际象棋世界冠军；2000 年本田公司发布了机器人产品 ASIMO，经过十多年的升级改进，目前已经是全世界最先进的机器人之一。

七、蓬勃发展期（2012 年至今）

数据的爆发式增长为人工智能提供了充分的养料，泛在感知数据、图形处理器等计算平台以及新型的以深度学习为代表的新方法等因素合力造势，人工智能迎来它的蓬勃发展期，人类已经正式跨入了人工智能的时代。

此阶段专用人工智能有了突破性的进展，在面向特定领域或者单一任务方面，人工智能可以超越人类智能，但通用人工智能，即能举一反三，可处理视觉、听觉、判断、推理、学习思考、规划、设计等各类问题的方面，尚处于起步阶段。当前"智能＋"应用范式日趋成熟，AI 向各行各业快速渗透融合进而重塑整个社会发展，这是人工智能驱动第四次技术革命的最主要表现方式。

第二节　AI 技术对设计行业的影响

一、 设计效率及精准度的提升

AI 技术的出现使得设计师可以使用算法、计算机程序和虚拟现实技术等工具，帮助设计师更快、更精准地实现自己的创意，从而提高创作效率。例如，使用算法生成设计作品，让计算机自动实现设计师的创意。此外，计算机程序和虚拟现实技术也可以帮助设计师更快地创建出复杂的艺术作品，例如建筑、雕塑和立体模型等。这些数字化工具减少了制作成本和时间，从而提高了创作效率。

此外，AI 技术还可以使设计结果更精准。例如，利用计算机程序和虚拟现实技术，设计师可以进行实时的模拟和测试，更好地掌握设计作品的细节和效果。这种精准的实现方式可以让艺术作品更加精致、细致和完美，提高了作品的质量和表现力。

二、创作手段的变化

（1）AI 技术可为设计师提供多样化的方案参考意向，可以辅助设计师思考和判断，使设计师更加灵活地实现他们的创意。例如，在 AI 作画中，用户只需要输入想象中画面的关键词，机器借助算法生成对应的图像，通过输入的信息把握引导作品的方向，可快速为设计师提供多个图像，以供参考，最后再由用户选择输出结果。AI 技术所扮演的角色不仅仅是一个"工具"，更是人类创作的同伴，人和机器共同完成设计，驱动最终的审美实践与走向，扩展新的艺术形态。

（2）算法是人工智能技术的重要组成部分，通过机器学习和深度学习技术，设计师可以使用算法自动生成艺术作品。例如使用 GAN（生成对抗网络）技术生成数字艺术，从而产生艺术表现形式。同时，计算机程序和虚拟现实技术也为设计师提供了更多的创作空间和手段，例如设计师可以利用计算机程序生成几何图形、立体模型和动态图像等，或通过虚拟现实技术和增强现实技术实现新的创作和表现方式，创造出更加生动、具有互动性和创新性的艺术作品（图 7-1）。

图 7-1　使用 AI 生成的别墅创意

三、创意和思维的拓展

设计师可以利用 AI 技术更好地理解和探索复杂的设计概念和表现形式，从而拓展他们的创意和思维。这种技术的出现使得设计师能够更加深入地探索艺术的本质和创造力。

（1）AI 技术的数据挖掘、机器学习和自然语言处理结合统计数据、大数据分析，设计师可以更好地实现大量的信息提取和分类，以有效地应用于社会、经济、自然现象的定量化解释，为设计行业奠定数据基础和科学支撑，提高了设计的技术性和科学性。

（2）AI 技术可以帮助设计师更好地理解和探索使用者的需求和反应。例如，AI 数据分析技术可以帮助设计师更好地理解使用者的感受和情感、使用情况和反馈，从而调整设计作品的形式和内容，针对性地进行设计的改进和优化，以提高用户的满意度和忠诚度，创造更加符合使用需求的作品。

（3）AI 技术可以帮助设计师更好地实现可持续发展和绿色设计的目标。使用 AI 技术可以更好地了解环境中的资源利用和能源消耗情况，提出更加环保和节能的环境艺术设计方案，减少环境污染和资源浪费。这些优势将有助于创造更加美丽、舒适和环保的设计，以提高人们的生活质量和幸福感。

四、艺术作品的展示和传播

AI 技术可以利用数据分析和个性化推荐算法，为用户提供更优质的艺术作品推荐和展示服务，提高用户体验和满意度，帮助观众更快地找到自己喜欢的艺术作品，也可以提高艺术作品的曝光度和传播效果。

（1）基于 AI 技术的艺术作品受众分析，是通过分析受众的兴趣、喜好和行为等数据，可以了解受众的需求和偏好，为受众提供更加精准和个性化的艺术作品推荐和展示服务。

（2）AI 技术可以利用个性化推荐算法，根据用户的历史浏览记录和行为数据，为用户推荐更加符合他们兴趣和喜好的艺术作品。最后，AI 技术可以利用数据分析技术，对艺术作品的传播效果进行分析。通过分析艺术作品在社交媒体、搜索引擎等平台上的表现和反应，了解作品的曝光度和影响力，为设计师提供更加精准和有针对性的展示策略。

第三节 AI 技术对景观设计的影响

人工智能在城市空间、建筑领域的应用始于 20 世纪 70 年代。近 10 年来，随着互联网带来的巨大变革，人工智能已在景观设计的多个方向进行了应用探索，随着研究深度与广度的增强，景观设计智能化逐渐形成。景观设计中的人工智能是通过智能机制将复杂的定性描述转化为定量分析和设计模型的过程。AI 技术的发展与数据发展息息相关，随着多源数据在景观设计行业中的逐步深入普及，AI 技术在景观设计中的影响及应用历经了现象描述、现象分析、生成式设计三个阶段。

一、 现象描述

由于遥感数据的普及，AI 技术中的机器学习最早应用于景观设计前期数据分析中的遥感数据的解译，如绘制土地利用图等简单的自动识别工作；后期随着机器学习技术的成熟，遥感解译精度逐步提高，实现了基于遥感光谱的场地信息提取和分类，基于机器学习的场地信息提取技术已经较为成熟，并应用于大量景观分析研究中。

二、现象分析

随着统计数据的完善和大数据的出现，基于机器学习的 AI 技术开始应用于社会、经济、自然现象的定量化解释，目前主要应用于景观格局分析和景观评价。

（1）景观格局分析

由于景观格局是一个多元影响因子制约下的复杂系统，而 AI 技术拥有处理复杂非线性数据的天然优势，因此也逐步应用于景观格局分析。在此领域中主要应用于景观格局变化的驱动力分析和模拟预测。目前驱动力分析的研究已经从简单的定量分析发展到可以实现复杂的驱动机制探究，其研究有助于模拟预测的准确性和科学性，只有清晰地认知景观格局变化的驱动机制才能实现科学的模拟。

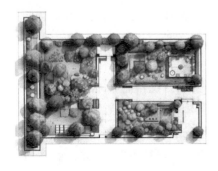

图7-2 使用AI生成的景观方案创意

但模拟预测与驱动力分析的进一步结合还亟待发展，是未来重点的发展方向之一。

（2）景观评价

随着网络大数据的普及，街景图像和社交舆论数据逐步应用于景观评价中。但由于发展阶段较短，且网络数据类型、质量、倾向各有不同，基于AI技术的景观评价整体处于初期探索阶段并呈现出多方向发展的趋势，虽然大数据蕴含的信息丰富，但由于网络数据呈现多源异构的特征，在研究时还需要大量的人力进行数据标注和清洗，因此时常存在可用数据量不足、数据源单一等问题，这也导致了评价角度单一和评价体系不完善等问题。

三、生成式设计

计算机生成式设计主要基于AI技术中的图像生成技术。与传统的机器学习技术不同，此类技术具有两个特点：①具有基于自主学习的数据生成能力；②运行过程中的"黑箱"机制，即运算过程不可控、不可解释。前者给景观设计带来设计改革的契机，基于此方法的设计过程以数据为主导，设计的过程大多数基于计算机的运算，人为干预较少，是未来人工智能设计的雏形。后者则给设计带来不良影响，导致了规划设计不可控的问题。虽然目前AI绘图对平面设计等领域冲击很大，但是它还不能真正自己进行设计，而只能根据要求生成一些创意。在景观设计领域，AI还无法替代设计师进行方案设计，但是可以为设计师提供一些创意方向作为参考（图7-2）。

第四节　景观设计如何运用 AI 技术

从 AI 技术层面来讲，AI 技术涵盖多类功能和侧重点不同的算法，具有高效数据分类能力的算法，如朴素贝叶斯算法、支持向量机、决策树、回归树、随机森林等，多用于景观用地分类等分类问题；深度学习算法，如卷积神经网络、循环神经网络、生成对抗网络等，具有强大的图像识别能力，多用于遥感影像和街景图像的快速识别和信息提取；计算机自然语言处理领域的 tf-idf、word2vec、BERT、CRF、LSTM 等算法有文本识别和处理的能力，可以将大量网络中的文本数据进行主题、情感等分类和提取，近年来也逐渐应用于景观领域感知规律研究等与舆情相关的研究。运用 AI 技术进行景观设计主要是基于深度学习生成对抗网络等算法所具备的强大的图像生成能力，实现生成式设计。

深度学习技术是 AI 技术中机器学习技术的重要分支，具有强大的图像识别和生成能力，能在基于以往二维图像和三维数据的案例学习基础上，生成相似的同类型数据，因此逐渐被应用于景观设计方案的生成中。

深度学习能通过已有案例进行学习训练，而规划设计项目约束条件复杂，尺度越大时需要考虑的制约条件越多，因此其应用在大尺度规划项目和小尺度设计项目呈现了不同的效果，以下基于尺度分为规划、案例两个层面探讨 AI 技术在景观设计中的应用。

一、　基于 AI 深度学习的景观规划方案生成

景观设计的综合性强，需要复杂的多要素分析。由于技术限制，基于深度学习的规划案例生成目前以单要素的规划设计为主，如路网规划、功能布局规划、建筑形态规划等。而多要素的综合性规划方案需要考虑复杂的现实条件，权衡案例中的各个要素关系，因此目前在综合案例的规划上还是通过设计师人为将多个计算机生成的单要素规划方案叠加生成。

基于深度学习的规划方案生成，是在设计师控制下将城市评价体系与生成式设计结合的结果，在设计师与深度学习技术的配合过程中，设计师主要负责的内

容是数据的采集、分类和研究目标的设定，主要的规划过程还是通过深度学习技术的自我训练、生成、比对的迭代运算完成。基于深度学习的规划案例生成过程主要依托于算法的内在逻辑，对于结果的控制较难，只能通过预设目标来实现。

大尺度景观规划需要综合考虑城市尺度中路网信息、空间形态、功能布局多个层面。第一步，基于深度学习技术生成 3 类不同要素的规划方案，先将被学习的多个城市案例的 OSM 数据集分为路网信息、空间形态、功能布局 3 个数据集分别训练，建立方案自生成系统。第二步，生成方案和评价筛选，首先构建评价体系，然后根据预设目标调节计算参数生成多套路网方案，利用评价体系进行评价筛选，得出最优路网方案。接下来用同样的"生成－评价"逻辑依次生成空间形态、功能布局的最优方案，最终将评价最高的 3 个方案进行叠加，得出最终方案。第三步则是基于将设计方案进行模型搭建。

二、基于 AI 深度学习的设计方案生成

在小尺度的场地设计较为灵活，需要考虑的约束条件较少，设计内容相较于规划案例也较少。与上述规划类项目类似，目前由于其约束条件少，设计成果随机性比较强，输出结果不可控，较难应用于实际项目和科学研究。但与规划类项目的区别是，设计类项目的设计目标更加难以定量解释，这导致了实验成果的随机性。林文君利用深度学习技术进行植物配置的自生成系统建设，实验中深度学习负责植物选种和定点，设计师负责数据收集、训练和输出目标的约束。实验利用评价体系进行输出结果的约束。实验将人工神经网络技术应用于建筑附属绿地的植物配置案例智能化生成，通过评价体系和 Ecotect 环境模拟技术进行输出结果的约束。基于深度学习的植物配置方案生成框架的具体步骤如下：

（1）收集种植施工图案例数据作为训练数据集并进行数据训练。

（2）借助气候环境模拟技术将场地气候进行模拟，计算出环境因子指标，作为参数输入自生成系统，以环境因子指标为依据随机生成植物选种和定点方案。

（3）借助植物配置理论定量解释植物空间模式，同时建立评价体系，两者作为输出结果的限定依据。

（4）对输出结果进行自动选择（依据空间模式和评价体系进行比对）、迭代运算，确定最终植物布局和品种搭配的"最优解"。

第八章

景观设计实训

第一节　小场地景观设计

在前面的章节介绍过，小尺度景观是景观设计实践的一个重要领域。由于场地面积小，包含的功能较为简单，所以更易发挥设计者的创造力和想象力。在景观设计训练中，作为一种基础性项目训练，可以培养初学者的设计基本功，提升其基本的美学素养。小场地景观在城市环境中极为常见，比如建筑的外环境、庭院、小广场、口袋公园等，与大众的生活休闲息息相关，其设计的重点在于灵活运用各类构景要素，在保证元素运用多样化的同时，从整体层面促成景观的统一性、完整性。

一、 设计的基本元素运用

景观形态的基本元素由点、线、面、形、色彩和质感肌理构成，这些内容构成了空间形式的主要视觉因素。

1. 点

点是景观设计中重要的空间布局方法之一，对于小尺度空间来说，点可以是一个构筑物，一个艺术装置，也可以是一个小的景点。在景观设计构图时，点作为"空间节点"的形式存在， 要合理控制点的位置和数量，做到有主次，有疏密，突出重点，避免过度集中，才能让人们感受空间的变化。点是构成形态的最小单元，是空间最基本的要素。不同大小、位置，不同组合方式的点会产生很多不同的效果。例如，单独的点可以加强空间领域感，多个点排列成线能够起到指引作用。当大小、形态相似的点规整排列时，会产生统一且均衡的美感。如北京西单广场采用银杏树和女贞花坛点状排布，形成了一个既整齐又具有变化的休闲活动空间（图8-1）。当大小不同、形态有所差别的点在区域内群化时，会形成活力、跳跃的节奏美。

图8-1　北京西单广场

2. 线

"线"在视觉上表达方向性。线是连接"点"空间的重要方式，也是造型艺术中最基本的要素之一，两点之间连接生成线，同时它是面的边缘，也是景观中面与面的交界。线存在于点的移动轨迹，面的边界以及面与面的交界或面的断、切截取处，具有丰富的形状并能形成强烈的运动感。线从形态上可分为直线（水平线，例如垂直线、斜线和折线等）和曲线（弧线、螺旋线、抛物线、双曲线及自由线）两大类。

线在任何视觉图形中，都有它的重要位置，它可以用来表示连接、支撑、包围、交叉等。垂直线可以用来限定某一个空间范围。在景观设计中，有一定长度和方向的道路、长廊、围墙、栏杆及溪流、驳岸、曲桥等均体现了"线"的特点。

（1）直线

直线是有力度、相对稳定的，同时可以分割平面空间结构，在景观中的运用十分广泛。直线可以作为道路的线型，高低错落的阶梯，层层的窗台和柱廊，重叠的花架和刚硬的栏杆等。它们的有序排列增添了园林景观的律动美和节奏感，也丰富了竖向景观。例如台北的光宝（Lite-On）集团总部景观空间设计，利用线性矮墙与道路，连接整个空间，分割出休闲活动区，位于场地后方的矮墙缓缓地延伸至车辆的主入口处，成为进入嵌入式中庭空间的通路（图8-2）。这条长长的斜坡矮墙的视觉空间通过线性植物种植床、大草坪和花岗岩步道得到了强调。尽管空间是线性的，但通过应用不同的材料、比例、地形及其活动项目，创造出了丰富的空间体验（图8-3）。

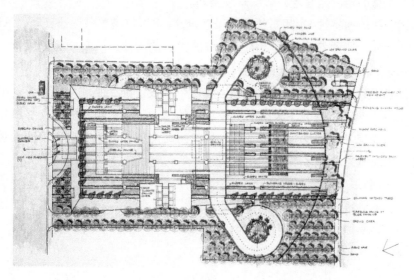

图8-2　光宝（Lite-On）集团总部设计平面图

图 8-3 光宝（Lite-On）集团总部实景

图 8-4 波士顿 Court Square Press 庭院景观

（2）折线

折线是极简主义常用的表现形式之一。折线处理的景观设计更具有张力和现代感。这种看似简单、现代的景观却蕴含着大量的学问，需要对线型、比例进行反复推敲找到最适宜的角度，保证景观内在稳定、和谐。

①折线的主导性：以折线走向为主导能给人强烈的韵律感和现代感，要注意运用丰富的角度适宜地划分出景观空间。

②折线的独特性：运用折线处理景观设计，可以打破单一设计元素的单调感。

③折线的刚柔结合：刚硬的折线搭配柔美的水体，一刚一柔的结合，使整个景观更加沉稳。一动一静的结合，让整个景观更有活性。

在波士顿的 Court Square Press 庭院中，设计师大胆地用折线设计出一条步行通道，形式上打破了长方形庭院空间的单调，木板与铝板的交替拼接也形成了具有视觉冲击力的色彩变换。刚硬的折线与植物有机交融，使得景观空间在视觉上既有力度，又不显得僵硬（图 8-4）。

（3）弧线

柔美的弧线适宜灵动的水景，能增强水景的流动性与自然观感，使景观更为柔和，容易让人联想到自然河流，凸显水景的流动性与自然观感。

图8-5　弧线与圆

图8-6　弧线与月牙形

①弧线的形式

·弧线与圆：弧线是圆的一部分，它是从圆周上截取的一段连续的路径。当弧线的长度与整个圆周长度的比率大于 1/2，即弧线占据了圆周的大部分时，它的形状就趋近于完整的圆，从而展现出更为显著的圆的特征（图8-5）。

·弧线与月牙形：弧线与月牙形常常会混淆，月牙形不同于弧线，它是两条弧线相交形成的，或将一个较小的圆从一个较大的圆的周长处去掉，是一个由弧线形组合而成的几何形态，在景观中也有出现，但在景观环境中使用锐角时要格外慎重（图8-6）。

·均匀弧与复式弧：均匀弧是最基本最常用的弧线，它被定义为在整个长度上从一个中心点延伸的半径相同的弧线。均匀弧的相对简单性使得它在景观设计中是最容易构建和使用的一种类型（图8-7）。

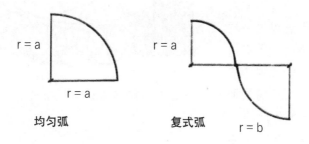

图8-7　均匀弧与复式弧

复式弧是一条从一端延伸到另一端时曲率程度不断变化的弧线，顾名思义，复式弧是由多条弧线组成的，每条弧线都有自己的半径和中心点。螺旋形弧线是一种特殊的复合弧，通常与道路线形有关。

②弧线的空间塑造

弧形本身具有向内凹陷的特征，其凹陷性产生了空间边缘，也就是说弧线的曲率以类似于半正方形或半圆形的方式容纳和框住朝向它的景色，具有极强的空间围合性（图8-8）。位于汉诺威的一处住宅花园，利用低矮、生锈的钢制挡土墙形成弧形空间，围合感将视线引导向矩形水池（图8-9）。多条弧线组合，会形成多方向的凹陷性，这更加有利于增强场地的空间感（图8-10、图8-11）。

③弧线的视线引导

当弧线形在作为景观中的道路存在时，由于弧线存在曲率的特性，他会引导人的视线方向在行进过程中发生变化。另一方面由于弧线的凹陷性所产生的极强的内聚性和围合感，弧线常常拥有强调视觉焦点的作用。

④"弧线"在景观方案中的运用

杭州彭埠中央公园地处杭州高铁东站的步行范围内，因场地位于地铁上方，按规定须开发大面积开敞空间。公园的设计希望通过流

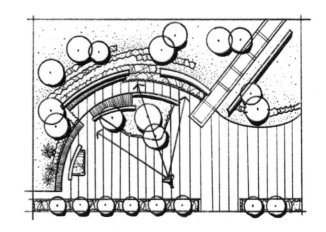

图8-8　弧线的空间围合性

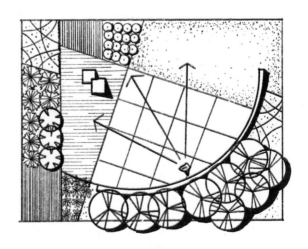

图8-9　位于汉诺威的住宅花园

图8-10　弧线组合

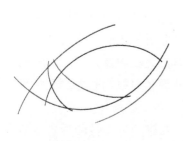
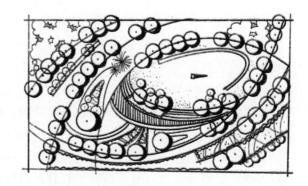

图 8-11　多个弧线组合增强空间感

畅、蜿蜒的道路网络，连接及整合区域公园系统。整体设计形态以弧线、贝壳形态为主，构建内聚性空间，增强整个场地的空间围合感。

　　该基地的中央核心是一个可高度使用的空间，为社区提供广阔的开放场所，可以容纳大型活动和社交聚会。它有大型的中央草坪、漫步花园、游乐场和运动设施，为周围社区提供宽敞的空间，让社区居民享受他们寻求的健康生活方式。中央草坪同时也是一个非正式的圆形剧场，可以满足不同规模的活动需求。场地边缘的弧线处理，柔化了周边建筑及道路刚硬的线条，为人们提供了多样化的散步休闲空间（图 8-12）。

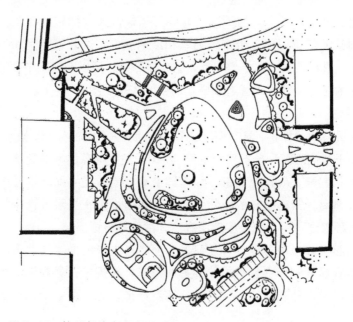

图 8-12　杭州彭埠中央公园

（4）曲线

曲线是由方向连续变化的点组成的线，具有动势变化和韵律之美。设计中，有规律的纯几何形体可能不如使用那些较松散的、更贴近生物有机体的自然形体。在大自然环境中，未被加工的天然景观曲线将自然之美展露无疑。山脉的蜿蜒起伏，流水的流连往返，道路的柳暗花明，都体现了曲线的魅力。而曲线所特有的灵动、柔美、富有变化在景观设计中也扮演了重要的角色。

①曲线的导向性：曲线具有明显的动势，曲线所带来的方向性和导向性不仅对人流起到引导作用，而且能够引起游人对前面景观的向往和遐想。这不仅增强了环境的空间感，还增强了游人穿梭在其中的趣味性，调动其好奇心。

②曲线的流畅性：曲线主要形式有几何、自由曲线两大类。几何曲线在体现几何的规律性与秩序感的同时，也包含灵动和美感；自由曲线侧重弹性、柔软以及流畅，淋漓尽致地展现个性化的特征。

③曲线的节奏性：对于中国的园林艺术家们来说，造曲是造园中的重要步骤。百转千回，层叠曲婉，将景观错落地分隔开，都是为了用园林设计塑造文人诗词中的景致，使园林景观更加的动态、美观和诗意。曲线在景观中往往展现出极强的节奏感，在景观中起到画龙点睛的作用。在秦皇岛市汤河滨河公园中，设计师设计了一条集步道、座椅、解说系统、乡土植物、灯光等多种功能于一体的红色体验廊道。这条"红飘带"通过曲折变化，不仅丰富了场地的层次感，而且整合了景观空间，随着曲线形的不断变化让人体验不同的功能（图8-13）。

④曲线的凹凸感："凹"这一曲线形态好似人们拥抱的姿态一样，在空间中利用曲线的凹可以给人带来亲切感和接纳感，营造开放空间和半私密空间；"凸"这一曲线特征与凹恰恰相反，给人排斥感，可以在空间中营造出私密感。利用曲线的这种特征可以营造多样化的空间体验（图8-14）。

3. 面

面是线移动的轨迹，具有两度空间，有明显、完整的轮廓。景观设计中的面，是为了便于我们理解和分析景观格局，从美学角度抽象出来的元素，它没有厚度，只有长度和宽度。就景观而言，地面铺装可以看作是平面，水景中静止的水面也可看作是面，紧密成行的植物也可以看作是面。在景观设计中，平面可以被理解成一种媒介，用于颜色的应用或空间围合等方面。

面的形状分为很多种，有几何形的面、自由形的面、偶然形的面等。几何形的面最容易复制，它是有规律的鲜明形态，在规整式景观设计中应用较多。如常见的广场，外轮廓线各式各样，有直线形，也有曲线形，在很多时候都会

图 8-13　汤河公园"红飘带"的曲折变化　　图 8-14　利用曲线凹凸特征营造多样化的空间
体验

结合地形和植被设计成不规则图形。不同铺装方式表现的广场用途和感觉也是
不同的。如大面积石材铺装的广场在视觉上会增加扩张感，让人们放心在场地
内活动和休息（图 8-15）；小面积石材铺装的硬地会给人很强的流动感，大多
都用于广场的道路或出入口；再有更小的石材如鹅卵石，由于其铺装后的表面
凹凸不平给人很强的不稳定感，所以该类石材铺装面积不能过大，否则将会影
响整个广场的设计效果，同时会破坏广场的平面感。自由形的面形态优美，富
有想象力，它是自然描绘出的形态，在自然式园林中运用较多，由于其具有洒
脱性和随意性，也比较受人们的喜爱。

　　景观的设计大多是依靠面的处理，使场所空间呈现出多样性的特征。如前
文所述，景观空间中面的构成可以分为底面、顶面和垂直面。底面通常用高差、
颜色材质的变化来对空间进行限定，顶面被定义得很自由，如大树的树冠和蔚
蓝的天空都可以作为景观顶面要素，它通常会使空间变得富有功能意义与安全
感。垂直面是三个面中最显眼也最易于控制的要素，在创造室外空间时起着重
要的作用，可作为空间分隔的屏障和背景。比如空间中设置的一片墙，除了空间
分隔功能外，还起到增加私密性的作用。另外，面可以是肌理承载的媒介，不
同颜色的肌理面、不同材质的肌理面在景观中的运用，能够满足人们不同的视
觉需求。比如，深圳街头绿地中的景墙采用金属结构搭建出具有韵律感和流动
性的肌理效果，为环境增添了休闲和趣味的效果（图 8-16）。

图 8-15　大面积铺装广场空间　　　　图 8-16　深圳街头绿地中的景墙

4. 几何形体

几何图形，并不单单指的是包括一个或者几个相互之间自成一体的形状，而是相互采用重复或者关联等形态，在方案中建立内部联系，使得设计作品拥有着丰富的空间形态，显得统一、整体。几何形体源于三个基本的图形：矩形、三角形、圆形。

"矩形"是最简单也最实用的设计图形，雅致而庄重。由线的纵横交错而生成矩形，在景观设计中是最基本的。它与建筑原料的形状类似，由于两种形易于衍生出相关图形，在建筑环境的景观设计中，矩形是最常见的组织形式。比如直线纵横交错组织起来的城镇、房屋和景观花园的平面，在历史上几乎所有的古代文明中都出现过。由于水平和垂直地组织空间是很基本和最容易的，因此矩形在景观设计史上是最多的围合空间的形式。

"三角形"有运动的趋势，能使空间富有动感，随着水平方向的变化和三角形垂直元素的加入，这种动感会更强烈。与矩形相比较，三角形的兼容性较差，但有着更明显的方向性、动态感，有力而尖锐。它能创造一些出人意料的造型效果，给人以惊喜。若能与直线良好配合，往往能为灵活空间的营造打下基础。

"圆形"有简洁、统一、整体的魅力，就情调而言，圆给人以圆满、柔和的感觉，也具有运动和静止的双重特性，圆形在美学上是极具向心性的图形。单个圆形空间具有间接性和力量感，多个圆的组合效果是很丰富的。圆形还可以分割成半圆、1/4 圆等，并沿着水平轴和垂直轴移动而构成新的图形。

正方形、圆形以及三角形这些最基础的图形，相互组合、叠加、融合等方式构成的基本形的组合关系有八种：分离、嵌套、减缺、穿插、相接、发散、

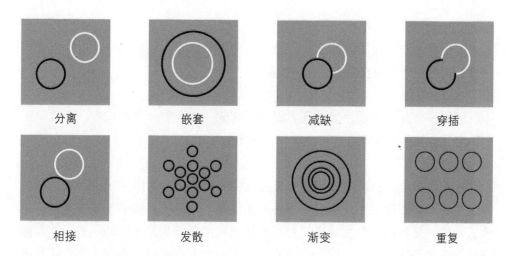

| 分离 | 嵌套 | 减缺 | 穿插 |

| 相接 | 发散 | 渐变 | 重复 |

图 8-17　基本形的组合构成关系

渐变、重复（图 8-17）。

（1）分离

各个图形之间保持一定的距离，互不接触，图形之间又存在联系。在景观设计中，单面形状多用软景分离，面与面之间的空间可以通过道路、过渡空间等加强面与面之间的关联。

（2）嵌套

大小两个图形形成包含关系。内部形状相对较为封闭，外部形状则相对开放，两个空间在形态上形成连续性。

（3）减缺

整体几何图形局部减缺形成的面，在形式上更具张力和变化，在功能上被减缺的部分可以作为通道或休憩空间。

（4）穿插

是由两个相接的空间互相重叠而成的。两个空间通过穿插出现新的区域，未重叠部分则仍保持原有的空间形态。

（5）相接

面与面以及空间与空间相互交接，应注意使相邻的两个空间能够很好地相互过渡但不显突兀。

（6）发散

发散效果由一个基本形状由中心向四周扩散。往往有着很强的视觉冲击力，此时会有一个明显的中心点，这个中心就是视觉中心和设计重点。

（7）渐变

渐变是一种有规律性的变化，给人强烈的节奏感。在景观设计中利用该方法使空间产生一定的空间变化和韵律美。

（8）重复

运用一个几何形状重复出现，提炼、构成、融合到一个空间中，在统一中产生变化。使用时注意防止出现单一、乏味的空间。

5. 色彩

景观场地中，色彩是人们感受最直接的元素之一。它作为一种景观设计的表达方式，与心理及生理感受有着密切的联系，同时也能够赋予景观场景不同的艺术性。波长的差异性导致视觉所接受的刺激程度也是不同的，进而让大脑感受到各种不同的色彩，同时不同的色彩也会让人在生理、心理上产生各种不同的反应。在心理作用以及各种社会活动的参与下，不同的色彩让人有不同的感受，比如说愉悦、压抑、兴奋等。

不同色彩的运用可以让景观产生不同的风格，因此在色彩组合时，我们常可利用人工物的色彩在景观中形成画龙点睛之笔。如南京1912街区主要是民国建筑，环境以冷色调为主，入口的景观标识则采用了温暖的红色，与周围的环境形成强烈对比，给人以视觉刺激（图8-18）。此外，在景观环境、景观色彩组合时，还应考虑到色彩与地域环境的关系。通常，在炎热地区，宜多采用白色、淡色、偏蓝、偏绿的冷色，给人一种凉爽、舒适的感觉。相反，在寒冷地区，宜多用暖色，如偏红、偏黄等色彩或者在中性色系中设局部暖色，增加温暖感，这是通感引起的视觉效果。将色彩科学合理地应用到景观设计之中，可以让人从心理上、精神上产生满足感，创造出让人流连忘返、赏心悦目的景观游憩场所。

6. 质感与肌理

景观设计的质感与肌理主要体现在植被、铺地等方面。不同的材质通过不同的手法可以表现出不同的质感与肌理效果。如花岗石的坚硬和粗糙，大理石的纹理和细腻，草坪的柔软，树木的挺拔，水体的轻盈。不同的材料组合运用，有条理地加以变化，将使景观更有内涵和趣味。

质感可以分为人工的和自然的、触觉的和视觉的，设计中要充分发挥素材固有的美。材质本身固有的感受给人一种真实感，可以营造出丰富的视觉感受。因此，质感是景观设计中一个重要的创作手段，在设计中应该强化其特征，用简单的材料，创造出不平凡的景观效果。此外，还要根据景观表现的主题，采用不同的手法调和质感。例如，在苏州博物馆庭院的石景设计中，贝聿铭先生突破传统园林山石造景的舒服，将粗糙的片石、砂砾和细腻的粉墙、池水组合

图8-18 南京1912街区入口景观标识

图8-19 苏州博物馆的庭院石景

在一起，既有传统画意，又具有现代感，形成一种独特的视觉效果（图8-19）。

二、设计案例

以上从设计元素的角度，介绍了各种设计元素的设计运用，在实际的设计项目中，各种设计元素并非孤立地使用，而是组合在一起形成综合的设计效果。小场地功能比较简单，在满足功能的基础上，应巧妙运用各种设计元素构成方案创意。下面以几个小场地的方案为例谈一谈设计方法。

如图8-20所示，在某商务楼中庭景观设计中，在满足交通、休憩等基本功能的前提下，综合运用了点、线以及方形、圆形等几何元素进行方案构图。从矩形规整场地的几何形式出发，四条线性路径不仅构建了各门厅之间的交通路线，而且形成整个场地的几何框架。方形元素呈点状排布，形成场地内的统一性元素，为方案赋予整体感。将圆形元素置于角落，配以弧形廊架，形成整个构图的重心，一方面体现了绘画中将构图重心置于下角以构成稳定感的原理，另一方面也满足了人们喜欢选择边缘和角落休憩的行为特征。方形元素并不是简单的重复，而是以树池、水景、草皮、铺装等多种形式组合排列，在色彩、质感上又形成很好的对比效果。同时，廊架、树池、植物等景观要素的存在，使得方案并不仅是停留在平面构图上，而是营造了更加丰富的空间体验。

在某小广场的设计中，设计师综合运用了弧线、直线、矩形等设计元素，通过高差的营造，构成一个内向型的休憩活动空间（图8-21）。从几何形体的角度来说，该方案也可以看成圆形、梯形、矩形等几何形体的切割、拼接和组合。对整圆的切割，使得构图更加活泼，空间体验更加丰富，再与梯形加以拼接，构成了不同形式的几个小空间，同时中心喷泉景观的设置又让整个构图具有了

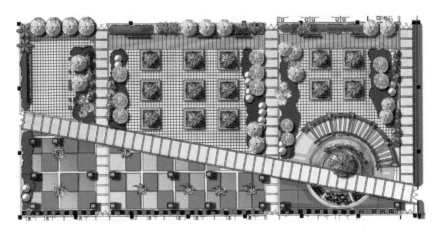

图 8-20 某商务楼中庭景观设计

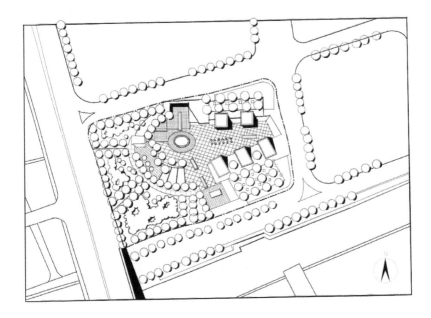

图 8-21 某小广场景观设计

视觉中心。矩形屋顶草坪和树阵则形成了方案中的统一性元素，为方案赋予了秩序。

曼哈顿的国会广场设计主要采用了线性的设计元素。由于场地为长条状，设计师用线性铺装排列形成整体感，再用两条弧线划分出两个块面形成两片休憩活动空间（图 8-22）。长条状的场地空间本身较为单调，复杂的设计又施展不开，用两条弧线恰好打破了场地的单调，营造出活泼生动的空间氛围，同时与整个场地的形式也不违和。弧线圈定的区域通过台阶适当抬高于地面，内部设置了矮墙、花池、坐凳、山石等景观元素，为人们提供了半围合型的休息交流小空间。铺装、镂空景墙、部分坐凳都选择了偏橙色的暖色系，形成场地的统一风格，不锈钢的坐凳、植物又起到了色调和质感上的对比、变化的效果（图 8-23）。

图 8-22　曼哈顿国会广场实景

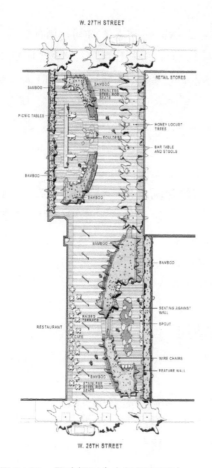

图 8-23　曼哈顿国会广场景观设计

第二节　居住区景观设计

一、居住区基本概念

1. 居住区

根据国家住房城乡建设部 2018 年颁布的《城市居住区规划设计标准》（GB 50180-2018），城市居住区是指城市中住房建筑相对集中布局的地区，简称居住区。

按照居民步行满足物质与生活文化需求的时间，居住区可以划分为 15 分钟生活圈居住区（居住人口规模为 50 000~100 000 人，17 000~32 000 套住房）、10 分钟生活圈居住区（居住人口规模为 15 000~25 000 人，5 000~8 000 套住房）、5 分钟生活圈居住区（居住人口规模为 5 000~12 000 人，1 500~4 000 套住房）和居住街坊（居住人口规模在 1 000~3 000 人，300~1 000 套住房）。

2. 居住区景观

居住区景观主要包括住宅区中主体建筑以外的开放空间及各种自然的与人工的物质实体。自然的物质实体包括地形、植物、水等，人工的物质实体包括活动场地、景观建筑、小品等。居住区景观是离居民生活最近的绿地景观，除了生态环境功能，还为居民提供了休闲、娱乐、健身、交流、避难等场所。因而，居住区景观设计的核心是为居民提供具有休闲、活动、交流等功能的空间场所，从而满足居民的物质和精神生活需求。

二、居住区景观的功能

1. 提高居民生活质量

居住区景观通过巧妙而富有情感的设计，可将绿色空间和休闲娱乐设施有机融合，从而极大地提升居民的生活品质。例如，设计师在居住区内精心布局花园、草坪和小树林，这不仅为居民带来清新自然的氛围，更构筑了一个宁静而雅致的休闲娱乐场所。此外，通过设置舒适的座椅、布满韵味的小径和亲子游乐设施，居民们可轻松地找到一个悠闲歇息和欢享生活的美好空间。这样的居住区景观，不仅美化了居住环境，更向居民传达了一种健康、和谐与幸福的生活理念。

2. 弘扬地方文化

居住区景观设计，通过细致入微地挖掘和恰如其分地传承当地文化，呈现地方特色，从而使居民在日常生活中能够自然而然地沉浸于深厚的文化底蕴之中。设计者可以通过引入当地特有的植物、建筑风格、历史文化元素等方式，将当地的历史底蕴、传统精神和民俗风情有机地融入景观设计之中，使得居住区景观成为居民灵魂深处的文化共鸣和情感寄托。

3. 保护生态环境

在居住区景观设计中，通过细致的植被选择与配置、科学规划与构建水系，促进生态环境的保护和恢复，将有利于优化居住区的空气质量，有助于微气候的稳定调节，有效减轻噪声污染，并促进区域水质的净化与提升。这些生态设计理念使居住区从一个单纯的居住空间转变为一个生机勃勃、充满活力的生态环境体系，它如同城市中的一片生态绿洲，为居民提供了一个可持续发展、宜人舒适且富含自然美感的居住空间。

4. 增强社区凝聚力

优质的居住区景观设计可以强化社区凝聚力，通过精心整合的艺术元素和空间布局激发居民参与感和归属感，不仅满足居民对优质生活空间的需求，而且具有深远的社会文化价值。通过设置运动设施和组织户外活动，鼓励健康生活方式。通过定期的社区集市和艺术展览增进邻里关系，展示居民才华，丰富社区文化生活。良好的设计同时引导居民参与社区治理和维护，可以培养居民社区责任感，塑造积极、健康、和谐的社区氛围。

5. 提升房地产价值

良好的居住区景观设计能提升房地产价值，创造舒适宜人的环境，从而吸引更多购房者。对购房者而言，宜居、和谐的社区环境常是重要的购房考虑因素。美丽、安静且特色鲜明的居住区能激发购买欲望。优秀的景观设计，如打造特色文化空间和社区活动场所，还能促进居民互动交流，增加社区凝聚力和安全感，从而引发购房者的情感共鸣，使他们更愿意长期居住和投资。

三、居住区景观的设计理念与方法

1. 居住区景观的设计理念

居住区景观设计由于受到住宅建筑和用地等方面的限制，设计构思不如城市景观那么自由，大体上可以从以下四个方面出发形成设计理念：

（1）从实际环境出发

当项目场地位于环境条件较好的区域时，应通过实地考察和细致分析，深入了解项目所在区域的气候、土壤、地形、水文、植被和生态系统。根据整理分析，识别地区特征的优势与潜在限制，如自然景观、文化资源等方面，据此明确具体的设计策略和目标。设计中尽量保护现有地形和生态系统，最小化土方工程，选择材料和植物时优先考虑本地资源，以降低环境影响并保持与周边环境的和谐，最终目标是实现设计与自然环境和人文环境的和谐共生。

以"深圳万科17英里"为例，该项目坐落在沿海山坡上，直面大鹏湾的壮丽海景。由于场地环境得天独厚，整个住区的规划设计从背山面海的环境特色出发，充分利用迂回的海岸线和自然山势，采用高低错落的几何立体组合，塑造出既具时代感又富地域性的海岸建筑群，旨在打造建筑与自然和谐共融的氛围。为保护自然山体，项目巧妙地设计住宅单体平面和布局，并精心设计以保证后方住宅视野开阔，实现户户朝海的格局，突显海滨住宅的特色和品质。

在北京"香山81号院"（半山枫林二期）中，由于项目选址位于北京玉泉山和香山的视廊上，住区共享空间的景观结构基本形成"两纵两横"的主体景观骨架。"两纵"保证和拓展了住区的南北景深，"两横"则疏通了住区空间与玉泉山和香山的借景通道。在设计中采用了京郊山区自产的深灰色毛石，依山砌筑景观挡墙，并以现代的空间设计手法将建筑与山地环境融合成一个有机整体。

（2）从建筑风格出发

大多数居住区通常不具备得天独厚的环境条件，这时应深入解析住宅建筑的风格特征，如现代、欧陆、地中海、新中式等常见风格。整体风格一致性至关重要，需要确保景观设计与建筑风格紧密协调或和谐。例如，现代简洁的建筑风格下，景观设计应追求简洁明快的线条和形态。材料选择应与建筑风格相符，如欧陆式建筑可优选自然石材和铁艺装饰。植物选择和布局也需与建筑风格协调，如新中式建筑可能更偏向于竹、鸡爪槭等中式园林常用植物。

根据建筑风格，设计具有特色和标志性的景观元素，如雕塑和喷泉。空间布局与流线设计需与建筑空间序列和入口形式紧密协调。景观中的色彩，包括植物、材料和家具，应与建筑色调协调或形成有效对比。若建筑风格具有文化和历史背景，景观设计可以巧妙地融入相关文化和艺术元素，以赋予空间深层次氛围和意蕴。

以福建永安"建发·玺院"为例，该项目建筑的总体风格将传统中式元素与现代设计手法相结合，既具有现代感，又体现中国传统文化的神韵。该项目的景观处理与建筑相协调，采用了新中式的设计手法，将中式传统文化"山"与"水"元素提炼成现代化的景观语言，景观建筑和小品在形式、色彩、质感上与住宅建筑取得呼应，而在细节中则更加细腻地将门洞、灯饰、亭、桥、匾额等元素展现出来，营造出传统园林的古典韵味。

（3）从地域文化出发

从地域文化出发设计居住区景观就是尊重并挖掘当地历史和文化传统，提升居住区整体品质并促进地域文化传承。这涉及对目标区域的历史、民俗、建筑风格、艺术形式和生活习惯的深入研究，从中提炼核心文化元素如传统图案和特色符号等。设计应将这些文化元素和地域特色整合到整体设计理念和策略中，参考当地传统空间布局如院落式布局，优选具有地域特色的建材和植物。此外，可以设置解释性标识，以介绍地区的文化历史和景观设计寓意。

重庆万科渝园的住宅建筑形态根植于重庆的居住文化，保留与传承了山城重庆以沙石为基座的砖石建筑和公馆文化，并且在细部处理上运用传统的元素突出重庆建筑风格。渝园的景观在设计时尽量保留原有的山地地形，层层退台的设计，使得建筑物与原有起伏地势有机结合，如"长"在山坡上一样，既避免了土方的开挖，又保护了原有生态环境。同时，在小区的设施和小品设计中，运用了大量表现重庆传统民居文化的元素，比如"粗糙感"十足的红砖、青石雕花、可爱的小石狮子、寓意和和美美的荷花雕刻、双开实木门及其上的铜环等。这一系列细节的处理都让住区环境透出浓浓的巴渝风韵。

2. 居住区景观的设计方法

（1）对场地进行充分调研

居住区景观设计前期，充分调研场地是关键，为后续设计提供基础信息。设计师首先应考察地形、植被、光照、排水及现有建筑设施，以深入了解场地。其次，要收集场地的地理位置、规模、气候和水文地质等基础资料，并且了解项目场地的文化背景、历史及社区居民需求。再次，进行环境分析，评估场地的生态状况（如土壤、水质、植被、野生动物）和周边环境因素（如噪声、空气质量）。最后，分析交通与人流状况，以合理规划人流和车流。

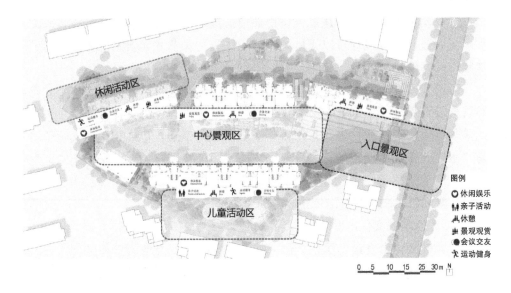

图 8-24　居住小区功能分区图

（2）主题定位

在对场地进行深入分析的基础上，可以结合上面提到的三个方面设计理念进行居住区景观的主题定位，主要目标是设定整体风格和氛围。良好的景观设计构思应将地区和社区的自然文化特点融入主题，如使用地域特色的植物和材料，或融入地区历史和文化故事。例如广州万科四季花城的环境景观，以四季的景色变化对应"四季"二字，以植物对应"花"字，环境景观就成为居住小区规划的主题。确定主题后以"湖畔花街"作为中心景观来对"四季花城"的主题进行表达，并且保证每户有宽敞的花园或露台，很好地诠释了"四季花城"的主题。

（3）功能分区

居住区景观设计的功能分区旨在实现居民需求满足和人与自然的和谐共处，构建全面、便利的生活环境（图 8-24）。通常来说，居住区景观项目大多是对某个居住小区或组团进行设计，因此功能并不复杂。由于中青年多数白天都要上班或上学，住区环境的主要使用人群是老年人和儿童，因此最主要的就是为老年人和儿童配置休闲、活动、嬉戏的空间环境。所以，儿童游戏场地和可供交流、活动的休闲活动广场是基本的功能区域，可以结合组团绿地多点设置。

除此之外，也可以按动静、公私、开闭原则进行功能分区，进而调节人与环境的尺度与比例，以人性为出发点进行功能分区。在用地条件允许的前提下，

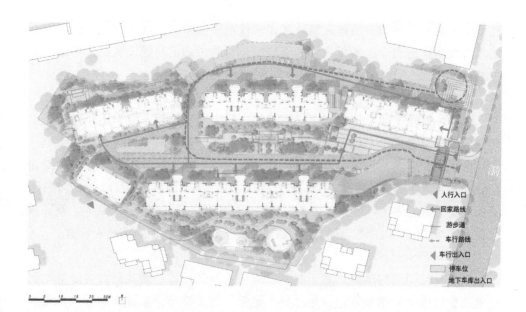

图 8-25　居住小区交通流线图

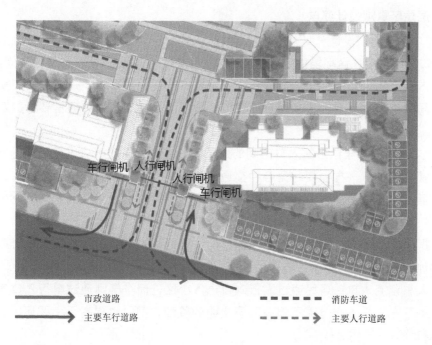

图 8-26　居住小区人车分流

还可以设置专门的体育活动区域。在强调住宅小区景观方面的功能分区时，要注意功能本身还有一定的可变性和多样性，有时过细的功能设置在使用上的变通性较差。也就是说，景观设计中应注意空间功能的复合性。

（4）交通流线设计

通常，在居住区总体规划中，建筑和主要道路的位置已经确定，在景观设计中可以根据总规的布局要求以及景观设计的实际需要对主要道路加以微调，同时设置次要道路和小路贯穿和连接各功能区。应通过设置标志、标线和减速设施避免交通冲突，实现良好的人车分流。路线应尽可能简洁、直接，减少绕行，确保主要区域如住宅、商业和公共设施有便捷连接（图8-25）。此外，设计需实现道路与周边环境的和谐融合，借助绿化和公共艺术增加沿路景观价值。

（5）细部设计

在景观空间结构确定之后，要注意景观的细部设计，尤其是对特定空间和元素的设计细化和精确表达，包括材料选择、施工细节、家具和装置的配置、植物配置和设计等。居住区景观空间通常尺度比较小，只有细部精致耐看，才能体现出设计质量。比如水景材料和装饰、步道的铺装处理、围栏的拼接方式等等，不仅要有好的观赏效果，还要便于居民使用。

3. 居住区景观设计要点

（1）入口景观设计

入口空间是居住区环境的重要组成部分。一方面，它是住区居民必经的空间，起着集散人流的作用；另一方面，它联系着城市的道路或街道，是交通的转换空间，同时也是住区景观形象展示的窗口。居住区入口空间设计通常要考虑四个方面：

① 交通组织：居住小区入口空间的景观设计首先应保证入口人行和车行交通的便捷与顺畅。一方面要避免各种交通之间的相互干扰；另一方面，应认真考虑交通量、交通流向、道路坡度、交通视线等问题对交通带来的影响，避免在入口处发生交通拥挤。

根据居住小区人口人车交通类型的不同，可分为人车分流入口和人车合流入口两种类型。

• 人车分流入口：居民通过人行入口进入小区，而车辆则通过车行入口直接进入地下车库。人车分流不仅有利于交通的管理，同时也提高了小区环境的安全感和舒适性（图8-26）。

• 人车合流入口：人流、车流共用同一个入口，是我国老旧住区较常用的一种入口做法。人车合流可以减少入口的数量，便于统一管理，然而在交通组

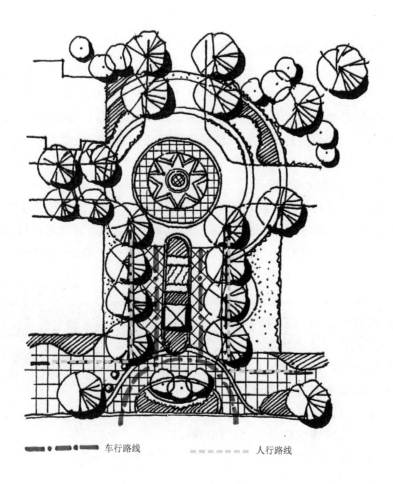

━━·━·━━ 车行路线   ┅┅┅┅ 人行路线

图 8-27　通过入口景观划分人行、车行路线

织和对小区安全性、舒适性及环保性方面的破坏也越来越突出。

因此，在条件允许的情况下，尽可能实现人车分流；在确实不能做到人车分流的小区，设计中应尽量合理地划分出入口处人行和车行的路线，使其路线尽量少交叉或者不交叉（图 8-27）。

②管理功能：我国目前居住区大多是相对封闭、属于业主使用的空间，因此居住区入口空间景观设计应考虑用适当的设施来满足入口管理的需要，如大门、值班接待室、门禁系统等。

③聚集、停留与交往：居住小区入口是小区居民进出小区的必经通道，同时也是小区边界线形空间中的节点空间。等候、打招呼、交谈、宣传和展示等活动时常会在住区入口空间发生。因此，入口空间还具有供小区居民聚集、停

留和开展各种交往活动的功能。

④展示、标志与象征：居住区入口空间是住区与城市两个不同空间的相交与转换界面，因此在入口空间的景观设计中应充分重视住区入口的形象展示功能。具有标志性的小区入口让人很容易识别，同时可以使居民对自己的小区产生认同感和归宿感。另外，入口景观还具有象征意义，通过入口大门、铺装、水体、植被等的设计，可以展现小区特有的文化内涵。

（2）儿童游戏场地设计

在居住小区内，儿童游戏场地布置可采用集中式，将多种游戏内容集中于小区中心位置，常与公园绿地相结合；也可采用分散式，多个场地散布于小区，结合住宅庭院和组团布置，特点为规模小、功能单一、活动内容简单。

设计要点包括：①尺度，要根据不同年龄阶段的儿童尺度进行设计，道路宽度、建筑小品大小、植物高度、游戏器械尺寸，都要满足儿童不同年龄段的尺度和心理标准；②色彩，需选用明快鲜艳、与周边环境协调的色彩，满足儿童对鲜艳颜色的喜好；③多样性，提供丰富

图 8-28　儿童游戏场地设计

多变的活动空间，满足儿童的好奇与探索心理，如通过循环路径方式布置多个游戏器械，增加场所乐趣；④创意性，设计富有创意的游戏器械和场地，激发儿童的艺术潜能和想象力；⑤安全性，儿童游戏场地的地面铺装、儿童活动器械都应当选用贴近自然的材质，例如木材、橡胶砖、草皮等。在游戏设施下方的活动场地中应铺设软质的缓冲材料，例如合成泡沫塑料、橡胶垫等。游戏设施要足够牢固，应选择边界光滑、没有棱角的器械，以避免儿童在游戏活动中受到伤害（图8-28）。

（3）运动健身场地设计

居住区运动健身场地分为专用运动场地，如小型足球、篮球场，设置依据居住区规模和住户需求，以及一般运动场地，用于日常锻炼，包括配备器材场地和做操跳舞的广场。散步健身路径如滨水步道和绿色健康跑道常被设计为线性空间，中间设置小节点空间供人们休憩、观景、停留。

设计要点：场地选址应交通便捷、安全，分散布局，避免车辆穿越；需与居民住宅楼保持距离以减少噪声；选择平坦、视线通透的地块，防止大地形变化和运动风险；场地应具良好的日照和通风条件；周边设置休息区促进居民互动，球场应远离住宅楼和儿童区；需要配套休息设施如座椅和饮水器及安全围栏，可用植物装饰以和谐场地。

（4）休闲广场设计

休闲广场的位置选择要点：若位于居住区中心，多采用内向型设计；若毗邻外部道路，则倾向于外向型设计，可能服务于多个居住小区。设计要点中，首要考虑是将休闲广场设于人流量大的集散中心，如中心景观区或主要出入口。其空间应具亲和度，满足可达性、文化性、娱乐性和优美的景观特点，以丰富景观空间层次。同时，需保证广场大部分面积享有良好日照，满足避风条件，且夜间照明适度，不干扰居民休息。

广场铺装以硬质材料为主，配备防滑措施，并通过材质、颜色、肌理和图案的变化增加场地魅力。此外，广场周边应设置便利的小品设施，如露天桌椅、垃圾箱和宣传栏等，以方便居民活动和交往。广场的绿地应向居民开放，使其能最大限度地亲近自然。最后，广场周边应种植树冠较大的遮阴乔木，但也需兼顾与周边建筑的关系。

（5）植物景观设计

在进行居住区植物景观设计时，首先应尊重当地环境，充分了解当地的气候、土壤、地形、水文等条件，并保护和利用当地的植物和景观特色。设计还需考虑不同季节的观赏性，通过选择不同季节开花或变色的植物，形成四季有景的效果。同时，应选取能吸收空气污染物、释放氧气的植物，以创造更健康、舒适的生活环境。美学布局也至关重要，需要通过合理的植物搭配、空间布局和色彩搭配，提升整个居住区的品质。在设计中，也需要考虑维护成本，选择易于养护、长期效果良好的植物和景观，可以降低人力和财力的投入。

（6）景观小品设计

在设计和设置居住区的景观小品时，首先需要确定合适的位置，如社区入口、公共空地或小花园等，这些位置应显眼但又不妨碍交通。设计前，要明确景观小品的主题和风格，无论是现代的、古典的，还是西式的、民族风格，都要首先确保它与整个居住区的风格能够协调一致（图8-29）。同时，小品的尺寸需要适中，避免过大或过小，以保持与周围环境和空间尺寸的协调。在材料的选择上，应优先考虑耐候、安全且易于维护的材料，如石材、金属和陶瓷等。此

图8-29 东南亚风格小区中的亭子

外，景观小品不仅应具有装饰性，还可以融入实用功能，如座椅、灯具和指示牌等，从而实现艺术与实用的完美结合。最后，安全是设计的重要考量因素，必须确保景观小品的稳定性和安全性，避免使用尖锐边缘和易碎材料，以保障居民的安全。

（7）水景设计

居住区水景设计是提升社区美观和舒适度的重要元素，同时可改善微气候、提供休闲空间，并助力雨水管理。设计初期需选定合适的位置，如中心花园或社区中心，令水景成为社区焦点。一般来说，水池的面积不应超过居住区用地面积的5%。水深设计应根据水池的面积和形状来确定，同时考虑到居民的安全和使用方便。通常，水深应为0.3～1m。根据空间条件，设计不同形式的水景，例如喷泉、池塘、瀑布和雨水花园等，与周围植物和景观融为一体，创造自然和谐的环境。

第三节 公园景观设计

一、 公园的基本概念

《公园设计规范》（CJJ 48—92）将公园定义为：供公众游览、观赏、休憩、开展科学文化及锻炼身体等活动，有较完善的设施和良好的绿化环境的公共绿地。公园类型包括综合性公园、居住区公园、居住小区游园、带状公园、街旁游园和各种专类公园等。

《城市绿地分类标准》（CJJ/T 85-2017）则将公园绿地定义为：向公众开放，以游憩为主要功能，兼具生态、景观、文教和应急避险等功能，具有一定游憩和服务设施的绿地。并将公园绿地划分为综合公园、社区公园、专类公园和游园四个类别。

可见，无论如何定义，开放性、功能的多元性及具有一定的设施和良好的环境是公园的本质特征。

二、公园的基本功能

1. 休闲游憩功能

城市公园是城市的起居空间，作为城市居民的主要休闲游憩场所。其活动空间、活动设施为城市居民提供了大量户外活动的可能性，承担着满足城市居民休闲游憩活动需求的主要职能，也是城市公园的最主要、最直接的功能。

2. 维持城市生态平衡的功能

城市公园作为城市的绿肺，在改善环境污染状况、有效地维持城市的生态平衡等方面具有重要的作用。城市的生态平衡主要靠绿化来完成，植物光合作用可吸收二氧化碳、产生氧气，城市公园由于具有大面积的绿化，无论是在防止水土流失、净化空气、降低辐射、杀菌、滞尘、防尘、防噪音、调节小气候、降温、防风引风，以及缓解城市热岛效应等方面都具有良好的生态功能。

3. 防灾减灾功能

城市公园具有大面积公共开放空间，不仅是居民聚集活动的场所，在城市的防火、防灾、避难等方面具有重要的作用。公园可作为地震发生时的避难地、火灾时的隔火带，大公园还可作救援直升机的降落场地、救灾物资的集散地、救灾人员的驻扎地及临时医院所在地、灾民的临时住所和倒塌建筑物的临时堆放场。

4. 美育功能

城市公园是城市中最具自然特性的场所，通常具备大量的绿化和水体，使城市景观得以柔化。同时，公园也是城市的主要景观区域。城市公园融生态、文化、科学、艺术为一体，通过自然景观和人文景观，能更好地促进人类身心健康，陶冶人们的情操，提高人们的文化艺术修养水平、社会行为道德水平和综合素质水平，全面提高人民的生活质量。

三、公园景观的设计理念与方法

1. 公园景观的设计理念

公园的设计理念多种多样，本节仅列举四种较为常见的设计理念，而这四种理念在一个方案中往往兼而有之。

（1）表达地域特色

地域特色是城市自然特征和人文特征的综合体现，包括气候条件、地理特征、历史文化、宗教信仰及风俗习惯等各种因素。地域性生活习俗、特色服饰、人文符号以及建筑元素等都能够为城市公园设计提供丰富的创造素材，可以将独具特色的地域文化元素融入城市公园景观中。

图 8-30　北京奥林匹克下沉花园景观　　图 8-31　西安大唐芙蓉园

例如北京奥林匹克公园的下沉花园将地域文化元素，如紫禁城红墙、老北京四合院、经历千年的鼓乐，融入城市公园景观中（图8-30）。西安大唐芙蓉园，将唐时盛行的纹样、图案、唐代建筑特征，与公园道路、植被、水体、小品等融合，深刻体现西安的地域文化特色（图8-31）。

（2）展现历史记忆

①城市记忆：城市记忆承载着一座城市或一个地区的历史，是城市发展的见证者，反映了城市的地域特色和当地的生产、生态、生活的多个方面，是一种特殊的文化资源，也是不可忽视的历史记忆。在设计中应当合理保留与城市记忆相关的生产、生活、人文、自然等要素，将与城市记忆相关的要素融入公园设计中，再现该城市独特的人文底蕴。

例如，中山岐江公园在继承城市记忆的基础上重构中山核心地域，合理地保留了码头、烟囱、水塔、铁路等大部分蕴含城市记忆的建筑、构筑和生产工具，通过艺术化改造，翻新修复工业遗迹，展现与工业遗存相关的城市记忆，并融入新时代特色。

②历史典故：历史典故是历史记忆中重要的设计灵感来源，特别是发生过历史事件的土地上的人物、故事，直观地传达与展示出文化存在的真实感。保护场地内遗址、遗迹资源，将历史记忆进行嵌入表达，可以让观者更直观地感知历史，产生共鸣。

北京皇城根遗址公园的景观设计串联了沿线丰富的历史人文景观，成为北京历史发展的画卷。在公园最北端，复建了一段25 m长的城墙，使用从民间收集的明代"大城墙"砖灌浆密砌，外立面刷红，呈现500年前的明皇城墙，唤起人们对北京皇城的回忆。在其南端广场中央矗立着天然巨石环抱镂空的清代皇城地图，称为"金石图"（图8-32）。

（3）提升生态涵养

绿色生态发展已成为当前社会发展的主旋律，设计公园景观应以生物友好为原则，关注自然层面，构建绿色、生态的区域环境。在设计过程中，一方面要尊重和保护场地现有的地形地貌、水系、植被等自然条件；另一方面要注意公园景观与城市生态体系的融合，使之成为整个城市生态体系的一个组成部分。对于一些遭受人为破坏的场地，还要专门制定场地生态环境的修复策略。

比如在多伦多当斯维尔公园设计中，设计团队针对生态系统受到破坏的公园场地，提出了"Tree City"的设计构想，在公园内部通过植被体系的有机更新实现场地的生态条件的恢复，在公园外部通过大量的种植将公园的生态体系与城市的生态体系重新联系起来，形成完整的城市生态系统。

图 8-32　皇城根遗址公园"金石图"　　　　图 8-33　杭州太子湾公园

（4）传承山水经营

自然山水格局是中国古典园林的重要组成要素，是空间构图的骨架，公园设计可以继承传统优秀造园手法，充分利用当地的地形地貌、山水格局等自然资源，通过叠山理水的山水经营，营造出中国传统园林自然山水式的城市园林。

例如杭州太子湾公园设计因山就势、顺应自然、追求天趣，严格遵循山有气脉、水有源头、路有出入、景有虚实的自然规律和艺术规律。公园对山水地形充分利用，巧妙打造了疏密有致、旷奥结合的园林空间，形成具有山野田园情趣的文化游憩山水园（图 8-33）。

2. 公园景观的设计方法

（1）资料收集与分析

公园是一种典型的综合性景观形式，其设计构思应建立在对场地相关资料详实地收集与分析的基础上。公园场地资料的收集，除了委托方的具体要求、场地地形图（包含设计范围、地形、标高及现状、四周环境情况）、现状植被分布图、地下管线分布图、数据性技术资料（包括设计用地的水文、地质、气象等方面），还要掌握城市绿地系统规划对所设计公园的定位和要求，从而进行合理的设计构思。

此外，还要收集可能与设计场地相关的历史文化信息。比如曾经在此发生过的传说典故、历史事件，或是具有代表性的建筑及传统文化符号，又或是一些具有地方特色的习俗、服饰、物件等，常常可以用它们激发创意思维，并应用于公园的建筑和环境设计中。

在资料收集完成后，设计者需要对所收集的资料进行甄别和筛选，归纳出场地的优势和劣势，确定公园的总体设计原则和目标，从各类信息中挑选出最有可能体现场地特色的素材，开始进行方案的立意与构思。

（2）方案立意与构思

①立意：立意是艺术作品的灵魂，是主题思想的确定，是指景观设计的总意图，是设计师想要表达的最基本的观点。主题意境的确立，是公园规划设计的核心主旨，直接影响公园绿地的景区划分、节点塑造等，是规划设计过程中的重要环节。

主题的确定与上位规划密切相关，在城市绿地系统规划中基本就已确定了公园的名称、主题、风格、功能等内容，在公园设计中需进一步细究与深化，要因地因时制宜，深入挖掘区域中最具典型性、唯一性的特质，确定最具识别性与辨识性的主题。

贵州省贵安新区月亮湖公园，根据月亮立意，从空间布局、总体结构、功能分区、景观营造等方面逐步展开设计，形成了月之"团圆、等待、相逢、漂泊、表白、独处、告别、梦境"八境。

②构思：构思是立意的具体化，确定针对项目的设计原则和要点。构思可以看作是立意的延续，对后期的设计活动具有指导性。

方案的构思需要满足人们娱乐、休憩的需求；考虑自然美和环境效益；满足管理的要求和交通的便利；保护原有的自然景观并加以改造；保持公园的生态环境；选用适应性强的乡土植物品种；满足道路规划应形成循环系统等。

（3）空间布局与道路组织

①空间布局：空间布局是公园功能分区、地形设计、植物种植规划、道路系统诸方面矛盾因素协调统一的总过程。空间布局通过全面考虑，使公园的各个组成部分之间得到合理的安排，形成有机的联系，满足环境保护、文化娱乐、休息游览、艺术审美等各方面的要求。

空间布局的主要任务包括：出入口位置的确定；分区规划（地形的利用和改造）；建筑、广场及园路布局；植物种植规划等。有时会因公园出入口位置的改变，引发全园建筑、广场及园路布局的重新调整；或因地形设计的改变，导致植物栽植、道路系统的更换。

②道路组织：道路组织层面，应先确定公园的主次入口、专用入口、停车场、主要广场、主要环路的位置及消防专用通道，并确定主干道、次干道等和各种路面宽度、排水纵坡，确定主要道路的路面材料及铺装形式等。

园路的类型分为以下几种类型：主干道、次干道、游步道和园务管理的专用道路。《公园设计规范》中根据公园的面积，对不同等级的道路宽度进行了界定（表8-1）。

表 8-1 各级别园路及其宽度

园路级别	陆地面积（hm²）			
	<2	2 ~ 10	10 ~ 50	≥ 50
主路（m）	2.0 ~ 3.5	2.5 ~ 4.5	3.5 ~ 5.0	5.0 ~ 7.0
支路（m）	1.2 ~ 2.0	2.0 ~ 3.5	2.0 ~ 3.5	3.5 ~ 5.0
小路（m）	0.9 ~ 1.2	0.9 ~ 2.0	1.2 ~ 2.0	1.2 ~ 3.0

园路布局应该做到具有回环性，游人从任何一点出发都能遍游全园，不走回头路；园路疏密适度，节约高效；可通过对景、借景、框景、隔景等使园路布局与景观节点相关联，因景得路；园路可以随地形和景物而曲折起伏，"路因景曲，境因曲深"，丰富景深层次。同时，园路具有多样性，例如在人流集聚的地方或在庭院内，路可转化为场地；在林间或草坪中，路则为步石或休息岛；遇山地，路即为盘山道、磴道等；遇水，路即是桥、堤、汀步等。此外，园路还需满足消防通道和尽端回车的规范要求。

四、公园景观设计要点

公园总体布局的第一步是合理确定主要、次要出入口位置。合理的功能分区可以有效整合资源，协调各功能组团的相互关系，发挥景观整体的最高效益。根据综合公园的基本功能、服务对象特征等因素可以把公园划分为文化娱乐区、观赏游览区、安静休息区、儿童活动区、老人活动区、体育活动区、公园管理区等功能区域。尽管随着时代的发展，公园的功能分区已经有了新的拓展，但通常在设计中仍然要考虑上述几种基本功能类型。因此，以下结合这几种常见功能区域介绍一下其设计要点。

1. 公园出入口

（1）公园出入口的确定

公园总体布局的第一项工作就是合理确定其出入口的位置。公园的出入口一般分主要出入口、次要出入口和专用出入口三种。

主要出入口位置的确定，取决于公园与城市环境的关系、园内功能分区的要求，以及地形地貌特点等，从而使城市居民便捷地抵达公园；公园内的文娱设施如剧院展览馆、体育运动场等最好分布在主入口附近，或设专用入口，以方便使用，满足大量游人短时间集散需求。

次要出入口是为附近居民或城市次要干道的人流服务，同时也为主要出入口分担人流量。一般设在公园内有大量集中人流集散的设施附近，如公园内的表演厅、露天剧场、展览馆等场所附近。

专用出入口是根据公园管理工作的需要设置，为方便管理和生产及不妨碍园景的需要，多选择在公园管理区附近或较偏僻处，专用出入口一般不供游人使用。

（2）公园出入口的设计

公园出入口是城市与公园的过渡空间，是游园序列的开端，也往往是人流量最密集的区域。主要出入口的设计，一方面要满足主要人流进出公园在此交汇、等候的需求，要求具有良好的外观和独特的个性，吸引游人进入，还要完善协调与城市交通的矛盾；另一方面，公园主要出入口设计内容必须考虑公园内外集散广场及门头形式，美化城市环境，还有停车场面积大小及位置，游客中心以及能否提供游人拍照的最佳构图等。除此之外，商业零售导游广告牌、园林小品等也经常在设计之列（图8-34）。

2. 文化娱乐区

按活动性质分类，文化娱乐区是公园中的闹区。大型综合城市公园中一般有较集中的文化娱乐分区，此分区建筑比较多，包括俱乐部、影视中心、音乐厅、展览馆、露天剧场、溜冰场和其他一些室内及室外活动场地等。

大容量的娱乐项目或有瞬时人流高峰的场所，如露天剧场、电影院、溜冰场、游泳池等，应特别注意妥善组织交通，尽可能在条件允许的情况下接近公园的出入口，甚至可单独设专用出入口。

3. 观赏游览区

这种分区性质最接近传统园林，无需借助过多的先进技术，最能体现设计师

图8-34　苏州白塘植物园入口景观　图8-35　公园儿童活动区设计

的设计水平。公园中观赏游览区最好有较大面积，往往选择山水景观优美地域，结合历史文物、风景名胜，合理利用自然景观和造景手段，适应游人的审美心理，达到事半功倍的效果。当代城市公园由于面积的限制，出现了一些小规模近距离观赏的游览项目如北方公园中的热带植物展览温室、盆栽展览等等，应该算作是特例。

4. 安静休息区

与观赏游览区相比，休息区功能性更弱些。休息区一般选择具有一定起伏地形或水体旁边，要求原有树木茂盛，绿草如茵，并可在公园内多点设置。休息区提供给游人的活动项目宜少不宜多，且以静态为标准，如垂钓、散步、晨练、品茶、阅读等。此分区的园林建筑面积不应太大，且要特别注意建筑造型雅致。

（1）布局合理提升空间的私密性

休息区的位置一般要和喧闹的活动区分离开，不需要靠近出入口，可以安置在边角处，具有较强的私密性。设计中要明确空间范围，注重空间尺度，满足游客对于休息空间的身心需求。可以通过景观要素围合成为独立的半私密空间，利用廊架、柱体、植物、地面铺装变化等起到划分空间领域的作用，形成具有一定私密性的空间。

（2）种植植物提升环境质量

设计中可以适当利用植物分隔空间，在营造私密氛围的同时，形成具有特色功能的绿化景观。比如，在视觉上选用色叶植物和常绿植物搭配，提升空间观赏性；在嗅觉上选用具有芳香性的植物，起到安神修身的功效；在听觉上，通过植物阻隔外界环境的噪声，引入更多自然之音到环境当中，使空间保持静谧舒适。多感官同时作用在环境当中，形成良好的绿化景观和空间环境。

（3）添加设施建筑和小品提升空间的舒适度

在安静休息区域放置亭廊花架等景观建筑和观赏性小品，运用多种座椅组合的形式，使休息方式具有选择性和灵活性。休憩设施应注重自身的尺度，符合人体工程学。座椅的材质尽量选用木质面或其他柔性材质，减少季节变化时，座椅的温度对居民使用带来的负面影响。针对空间活动的主要人群设置雕塑、景墙等，利用新颖的景观小品吸引人，适当在空间中添加文化元素，增加设施可识读性。

5. 儿童活动区

（1）地形设计

攀爬、跳跃等活动可以锻炼儿童的平衡能力，促进运动神经和智力的发展；在设计中可以结合富有变化的地形，创设各类儿童游憩设施，增加场地的趣味性和吸引力。比如结合起伏的地形，设置攀爬坡、滑洞穴等活动设施（图8-35）。

（2）水体设计

水体是极受儿童喜爱的自然要素，园内应结合自然条件设计富有特色的水景，增加亲水活动场地。人工形态的水池、戏水区在夏季注水供儿童玩耍，并可加入互动装置。同时要注意儿童游戏场的水池深度不得超过35 cm，池壁要平整圆滑，池底设置防滑铺装。

（3）园路及铺装设计

园路设计首先要考虑主园路到达的便捷性，并保障婴儿车等可以方便地到达场地。地面的铺装材料可以使用硬质铺装和软质铺装2种。硬质铺装主要有混凝土、石材等，其优点在于使用寿命长、易维护，主要使用在园路、集散场地和旱冰场等，但在儿童较多的区域和游戏器械周围应使用软质铺装。软质铺装材料可分为松散填料、人造弹性材料和塑胶地垫等，不仅色彩丰富，而且可以减少儿童玩耍中的磕碰伤害，同时材料自身具有一定硬度，适合进行球类等活动。

（4）种植设计

在植物种植设计方面，可以更多地选用色彩亮丽、枝叶柔软、果实大而明显的植物，吸引儿童触摸、采摘等行为动作，并合理布置标识牌起到科普教育功能。低矮粗壮的树木可以引导儿童进行攀爬活动，但要注意树枝的承重能力和树下缓冲铺装的设置。同时，应避免种植有毒、有刺激性、有过多飞絮和花粉，以及有刺的植物，以保证儿童的安全。

6. 老人活动区

老年人平时闲暇时间多，是公园的主要使用人群。老年人社交与活动的空间在设计时应该区分动态区域和静态区域。动静空间的布局应该合理，可以采用广场、院落、走廊等形式来区分不同的空间。同时，空间布局应该符合老年人的生理和心理需求，例如降低台阶高度、减少斜坡的倾斜度等。

动态区域可以设置健身步道、球场、健身器材等，公园内的健身器材应该设计成老年人易于使用的样式，提高安全性能，以鼓励老年人进行健身锻炼。静态区域可以设置休闲座椅、茶室、亭廊等，满足老年人的休憩与闲聊需求。

还应该通过花木配置在公园中创造适老化康养景观，尤其可以选用一些传统的观赏性植物品种如鸡爪槭、樱花、枇杷、玉兰、芭蕉、松柏类、竹类等提升空间的文化品位，满足老年人的观赏、休闲和康养需求。

7. 体育活动区

体育活动区是公园内以集中开展体育活动的区域，其规模、内容、设施应根据公园及其周围环境的状况而定。如果公园周围已有大型的体育场、体育馆，则不必开辟体育活动区。体育活动区的设计应注意以下几个方面：

首先，应依据体育活动区所处的地形和位置展开设计，与周边环境相结合，合理配置体育基础设施，以满足不同年龄阶段人群体育运动的基本需要，在体育设施配置方面，包括基础的健身器材、强对抗性的篮球场、健康跑道等。

其次，应重视体育活动区与绿化景观之间的和谐搭配、相互交融，既能够满足人民群众的体育运动需求，又能够使民众在运动过程中感受到自然之美。

最后，在体育活动区应配备必要的休息场所。在设计中应合理增添供群众休息的设施，满足体育运动后稍作休息的需求。例如公园常见的长椅、长廊等。此外，应考虑残障人士的运动需求，设置无障碍通道，充分体现以人为本的设计理念。

8. 公园管理区

公园管理工作主要包括管理办公、生活服务、生产组织等方面内容。一般布置在既便于公园管理，又便于与城市联系的地方，考虑适当隐蔽，以免影响游览。

管理区是纯粹的功能性区域，通常会有办公室、会议室、车库、食堂、仓库等办公、服务建筑，也可能结合花圃、苗圃、生产温室、阴棚等生产性建筑与构筑物。功能虽多但要求占地尽量少，建筑面积尽量小，应单独设置出入口。

第四节　乡村景观设计

一、 乡村景观设计的概念

乡村景观泛指城市景观以外的空间景观形式，区别于城市景观的是其特有的生产景观和田园文化，一般认为乡土景观是在乡村地域范围内由人类生产、生活活动与自然环境长期互动产生的、以乡村聚落景观为核心的景观环境综合体，涵盖自然、社会、文化三个方面。

二、乡村景观的设计原则

1. 地域性

乡村景观的地域性是受乡村所在地的自然和人文资源因素影响形成的特有的乡村景观风貌。各地特有的自然和文化景观，形成了各不相同的乡村景观。例如，安吉的茶文化就形成了当地独特的茶园景观，建德的农耕文化形成了当地独特的农业景观。地域性是乡村景观的灵魂，在乡村景观设计中应该结合所在地域的自然与人文特点针对性地呈现当地特有的景观形态与风格特征。

2. 乡土性

乡村景观作为乡村聚落兼有自然与人文的有机生命体，乡土性尤显重要，因为它深刻反映着源于漫长的农耕社会中形成的乡土社会及所建立的乡土关系。因此，在乡村景观设计中需要考虑融入这种自然与人文有机结合的、涵盖了历史脉络与发展轨迹的乡土性。

3. 社会性

乡村是村民们进行各种社会活动的场所，因此在乡村景观设计中要考虑空间领域的社会化因素，形成一些有益于构成社会交往的空间场所，使得村民的社会行为发生时，能产生明显的集体感、归属感、安全感等社会性的心理作用。

图 8-36　南京不老村自然景观　　　　　　图 8-37　南京响堂村山脚下的菜地

4. 自然性

乡村景观与城市景观最大的差异就是其自然性，人口密度较小、自然生态环境优越。以农业为主的生产景观、粗放的土地利用景观以及乡村特有的田园文化和田园生活，都对游客具有强烈的吸引力。例如，南京浦口区老山脚下的不老村以自然山景、水面、林木、地形为底色，经过简洁的人工地形、道路和植被搭配等设计，营造与自然对话、融入自然的乡村风景（图 8-36）。

5. 真实性

真实性是乡村景观设计吸引人的重要方面。真实性体验对游客的感知价值有显著影响，真实性体验的满意度不仅体现在客观对象的真实性方面，还包括存在的真实性，即景观情境感知的真实性。例如，依傍着南京老山的响堂村入口区域保留当地村民种植的阡陌纵横的菜地，呈现真实的当地人劳作的生产景观，以真实的乡村景观特征塑造乡村氛围（图 8-37）。

三、乡村景观的设计理念与方法

1. 乡村景观的设计理念

（1）三生融合

"三生融合"理念是将乡村看作是一个有机的整体，协调乡村中的"生产、生活、生态"三者之间的关系，将三者紧密联系，互相影响，实现三者的统一融合；目标是以生态环境为依托、以产业发展为动力、以生活服务为内容，达成"促进生产空间集约高效、生活空间宜居适度、生态空间山清水秀"。

"三生融合"的乡村景观设计中需要将生态空间、生活空间及生产空间进行营造，体现地域性自然和人文特色。生活空间景观要体现人文景观的多样性，特别是建筑空间和民俗特色；生产空间景观营造要充分考虑生产性景观的独特性；生态景观是自然景观的最直接反映，通过生态景观的营造形成丰富的自然景观空间特色。南京市栖霞区八卦洲临江村、咸阳市礼泉县袁家村和德国欧豪村均是结合了"三生融合"理念的乡村建设的代表性案例（表8-2）。

表8-2 "三生融合"理念下乡村景观设计案例

案例	生产＋生态	生活＋生态	生产＋生活
南京八卦洲临江村	以特色的芦蒿种植为主，果蔬、花卉植物景观与乡村观光体验结合	垃圾分类，改造河道、道路等居住环境，打造生态驳岸，营造优美的生态环境，改善生活环境	建造生态厕所、超市、游客中心、博物馆、健身步道等配套设施，服务旅游，改善生活条件
咸阳市礼泉县袁家村	打造特色美食品牌，民俗和文化为主的特色产业，建立乡村产业体系	村庄周围广泛种植经济林带，就地取材建房子和古道、冬暖夏凉	文化生活丰富，"关中民俗第一村"，旅游文化特色鲜明，传承多项非物质文化遗产
德国欧豪村	保护自然文化遗产，改造仓库为农产品加工厂，节约成本，形成新农业	植草，砖、碎石替换水泥路，减小道路宽度，安装雨水收集装置，促进水循环；种植果树满足生活需求和保留象征德国精神的老橡树	改造原木质老房子为商店、咖啡店，闲置空间重新利用，满足旅游和生活需求

（2）活态传承乡村文化

乡村传统文化活态传承的理念与方法，对于乡村文化保护与整体性的可持续发展起到积极的促进作用，乡村文化"活态"的传承方式相对于"静态"的传承方式有本质上的区别。

狭义的"活态传承"是指在非物质文化遗产生成发展的环境当中以传承人的方式进行保护和传承，使非物质文化遗产得以传承与发扬光大。广义上的"活态传承"是指在人类发展的不同阶段，以满足人的生产生活需求为目的，在与时俱进理念的指导下，对文化运用保护与可持续发展的传承方式。广义上的活态传承可涵盖物质与非物质两方面的文化的融合性传承，具有整体性、有机性、动态性、时代性的特质，强调在物质与非物质领域的深度和广度上拓展活态传承的内涵和方式，打破单一形式的界限。

对于乡村景观设计，要做到乡村文化的活态传承，不仅要修缮、优化、传承景观要素本身和符号形态等，更要保护其承载的历史文化和鲜活的生活，将其功能活化，从空间环境依托、功能活动依托和经济产业依托方面找到传统村落活态保护、有机传承的生命力。例如，云南阿者科村哈尼族梯田聚落景观的设计中，对阿者科村的景观要素进行系统梳理和整体设计，改善基础设施，增设生活垃圾回收点，进行水渠净化和疏通，从而改善村落景观环境、美化村民公共活动空间、提高居民生活质量。同时，对古井、水碾房、磨秋场等文化景观要素进行重点修缮，为哈尼传统生活和祭祀活动的再现提供空间场所，通过居民真实的生活展现，真正地传承当地的乡村文化。

（3）多元参与协同发展

多元参与式乡村景观设计理念强调以利益相关者协同发展的目标参与到乡村景观的设计中，更好地优化设计过程和结果，以切实的乡村景观设计满足当地村民、游客等需求，激活乡村的内生动力，提升公众参与乡村建设的热情，促进乡村景观环境的可持续发展。多元参与协同发展的乡村景观设计的核心是利益相关者的共同参与、各类活动的组织、本土文化的认同及乡村产业的创新四个方面相互协同，以实现乡村景观环境的提升、乡村产业环境的升级以及居民文化认同感塑造。

例如，在河北省阜平县不老树村多元参与的乡村景观设计中，公众参与的过程分为 5 个步骤，依次是前期调研、设计互动、回馈、设计实施以及后期管理。在设计过程中，组织当地村民参与，充分挖掘当地民众的隐性知识，以推动乡村景观的建设。在设计中组织前期动员会、方案设计研讨会、社区研讨会等，对村民、政府、企业参与主体进行需求分析、问题梳理以及解决对策研讨，最终使乡村景观环境更为合理且符合当地民众的使用需求。

2. 乡村景观设计的方法

（1）整合乡土资源

整合乡土资源就是强调因地制宜合理协调人与自然的生态关系。整合乡村景观的乡土资源主要包括自然与人文 2 个层面，如地形地貌、水系、植物、产业特色以及物质、非物质文化遗产等。融合乡土资源首先要对自然与人文乡土资源进行系统性、整体性地认知，进而建构各利益相关者共同参与的景观协同发展网络，统筹乡土资源的动态保护与协同发展。

奥尔恰谷（Val d'Orcia）位于意大利锡耶纳的农业区腹地，这里由于长时间的耕种和放牧，形成了以蜿蜒的缓坡为主要特征的乡土景观。加之山谷中星罗棋布的小镇和散布其间的村舍，形成了极具代表性的意大利乡村风貌。草地、缓坡、古道、村镇、富有地中海风情的乡村建筑共同反映了奥尔恰谷独特的生态与人文特征，因而该区域2004年被列入世界文化遗产名录（图8-38）。

图8-38 意大利奥尔恰谷景观

（2）利用乡土材料

乡土材料的使用对于乡村景观空间和乡土景观意境营造，以及协调乡土景观与自然生态环境的关系具有不可替代的作用。对比现代材料的规整、光滑与精致，乡土材料粗糙与朴拙的质感更能营造出充满田园气质、乡土韵味的时尚景观风貌。

利用乡土材料，一是就地取材，营造乡土景观气质。可依据当地实际资源情况，挖掘本土常见的植物、石料、泥土等作为主要材料，通过当地本土加工与建造技术对景观构筑物进行施工制作，利于营造出地方风貌与村落自然资源相融合的乡土景观气质。二是有机更新，延续村落原有风貌。运用乡土材料与现代材料相结合的方式进行有机更新，营造和保护乡村特有的风貌。三是挖掘废弃材料的潜力，塑造乡土特色。废弃材料承载的历史信息，具有生态、社会、文化价值，可以通过巧妙的设计语言，重新发挥它们的艺术价值。

例如，南京老山脚下的响堂村乡村景观改造中，当地的乡土材料提供了富有凝聚力的组合方式。村里普遍采用产自当地的大小不一的石块作为砌筑围墙底部或者景观平台、树池、花池的材料，不同厚度的本地石材被小心地放置、拼接，留出宽度不一的空隙，既坚固耐久，又呈现出一种真实质朴、有机汇聚的美感（图

图8-39 南京响堂村墙体就地取材

图8-40 南京响堂村采用当地石材砌筑台基

8-39、图8-40）。此外，夯土墙利用当地黄土砌筑，具有质感的凹凸、粗糙的颗粒形状，形成纵横交错高低不平的纹理，塑造栖居大地的朴素、乡土之美。

（3）表现乡土文化

在乡村景观设计中表现乡土文化的方法可从以下三个方面实现：

首先，整合乡土文化资源。在乡村景观设计中表现乡土文化首先要对当地地域性文化资源进行整合，明确乡村文化景观需要表现的乡土文化具体分为哪几个层面。乡土文化可包含聚落文化、农耕文化、宗教文化、茶文化、历史文化、民俗文化、手工艺等相关的非物质文化景观；还有容易被忽略的小尺度具体的物质文化，如：古树、古井、古建筑、古桥、水车、纺车、石磨、旧船等，蕴含乡村当地的风土人情、历史印迹，是景观设计表达乡土文化重要的要素。

图8-41　南京不老村乡土文化的表现

其次，应用乡土文化资源。基于想表现的当地乡土文化的几个层面，可选用当地乡土、材料进行创新性利用，对乡村特有的文化元素进行提取、引用和重置，是乡村景观设计创新的重点。如南京不老村乡村景观中保留了当地过去取水用的压水井，放置于多彩的百日菊花海之中，取名"童年的压水井"，引起人们对乡村的回忆（图8-41），将乡村文化和记忆结合起来，达到"传其神，承其意，易其形，拓其用"的目的，增强村民、游客对乡土文化的感知与认同。

最后，体现民俗风情。依托当地各种民俗文化资源，通过结合室内外展览、活动等展示民俗文化，或打造地域特色乡村民俗风情工艺作坊、游客体验区域，引导当地居民、游客等融入当地乡村景观中，进而盘活乡村产业，提升乡村文化景观的吸引力。

（4）营造乡土意境

营造乡土意境就是注重发挥乡村传统文化元素价值的作用。在营造乡土景观意境时要注重情感的融入，情感的融入是乡村景观设计注入灵魂的部分。抽象情感的提炼，可以从乡村本土的自然淳朴的山野风光、田园诗意的生活场景、传统民俗生活、凝聚人文特色的历史文化等多方面入手，呈现乡村地域性韵味的自然、人文场景和生产、生活方式，使体验者产生乡土意境的联想。

例如，福建嵩口古镇乡土景观意境的营造通过场景再现使游客产生情感共鸣，从而体会到乡土意境之美。基于保护和利用的农业景观，设置供人休息的亭廊，以及垂钓等体验项目，再现"田耕水渔"的优美、乡趣意境。此外，成都合江镇鹿溪村基于当地广泛种植的竹子，将竹子与人工景观进行搭配，塑造"独乐幽篁"的乡村意境；另有"林下茶憩"，运用竹材搭建，包含饮茶、休憩功能，屏蔽外界干扰，可让人联想到"独坐幽篁里，弹琴复长啸"以及司马光的独乐园之淳朴、趣味的乡土意境。

四、乡村景观设计要点

1. 乡村地形设计

乡村地形是乡村景观的一个重要影响因素。乡村景观营造强调适应地形特征，满足村民日常生产、生活和村落发展需要的基础上，最低限度对地形进行必要的改造；充分挖掘原有地形地貌的潜力与特点，通过设计强化原有地形地貌给人带来的心理感受。

平原地区乡村地形的主要特征是地面开阔起伏较小，其景观设计主要通过平面布置，重点是合理安排不同用地性质的空间布局，有效满足生产、生活用地的功能需求，充分结合新功能与原有地形地貌、道路街巷、院落建筑、植物水体等乡村元素和谐关系，为村民提供多样化的生产、居住与活动空间。

丘陵山区乡村地形设计重点是处理好地形高差，通过与等高线的平行、垂直布局以及组合布局优化和改善高差给乡村生产、生活带来的不利影响，重新梳理与定位功能空间的大小、高低等，实现村庄使用空间与地形特色形成的有机融合。

例如，南京老山脚下响堂村的民宿区域位于高差较大的斜坡上，通过缓坡和

图 8-42 南京响堂村台地和缓坡景观

图 8-43 南京响堂村台地景观

台阶随坡就势解决场地高差，将不同标高的建筑连接起来，形态自然、材质朴素，形成高低远近不同的多层次山地观景台（图8-42、图8-43），远可极目远山，近能观赏乡村民宿近景，重拾乡愁。

2. 乡村植物景观

乡村植物是乡土传统延续至今的纽带和重要元素，是体现乡村景观特色与差异的标志，具有乡土性、自然性和经济性的特征。乡村植物景观的设计可以基于乡村当地特色农作物、经济作物，特别是与当地特色产业结合，大力发展乡村经济型植物景观，除了有较高观赏价值外，还有较高的经济价值，可以从地形、水景，综合生态、功能、艺术、经济性和地域特色等多个方面考虑。

例如，江苏兴化市东旺村以千岛样式形成的垛田景观享誉全国，清明前后油菜花开，蓝天、碧水、"金岛"织就了"河有万湾多碧水，田无一垛不黄花"的奇丽画卷。沈阳锡伯族镇依托当地农作物水稻，结合不同时期水稻色彩特点绘制不同主题的稻田画，将本土农作物景观性与经济性最大化，打造兼顾生态与文化的创意农业。

3. 乡村水景设计

水是影响乡村居民生存和生产的重要因素之一，依水而居的经验使村民在理水艺术上展现了多方面的智慧，具体表现为：①理水艺术充分与村民生产、生活的用水需求紧密结合，包括饮水、灌溉农田、水运交通、水产养殖等；②遵循原本的山形水势，择地利处而居，避免村落受洪涝灾害；③理水为人们营造出了如"青山如黛远村东，嫩绿长溪柳絮风""舍南舍北皆春水"的山水诗画之境。

村落水景优化原则要兼顾实用性结合观赏性、亲水性结合安全性、整体性结合乡土性。乡村水景与城市水景设计不同的是，观赏性和为农业生产、生活服务的实用性的结合，因此乡村水景设计需要满足审美需求和农田灌溉等实用性。按照空间由大到小，从整体到局部的顺序，乡村水景设计主要包括以下两个方面：

（1）水景空间整体规划，具体包括：①完善水景空间结构，疏通水渠、溪流，结合路面排水等形成连续的水系；②置入水景节点，兼顾村庄内外空间的水系节点，如进村路口的水系交叉点、高差优势视野好的节点等，从而均衡景观节点的分布。例如古黟县南屏村，村内溪流穿村而过，形成村落空间结构的主框架，溪流担排洪、灌溉功能，同时，临溪设计景观节点，使沿溪步道景观化。

（2）水景与乡村公共空间设计，具体包括：①依托水系建立公共建筑之间的视觉通廊，实现视线联动；②优化公共空间边界与水系关系，结合道路的布置设计停留性空间，加强公共空间与水系的关系，构建特色传统水景空间；③展示乡村水文化景观，在景观节点处结合当地自然与人文特色设计展现乡村文化的景观元素如观景亭、景墙、桥等。例如南京浦口区响堂村的临水景观结合通行需求设计廊桥，兼具通行、遮阳、避雨、观赏等作用，起到汇聚观景视线、刻画景观节点的作用（图8-44）。

图8-44　南京响堂村临水廊桥景观节点

4. 乡村构筑物

构筑物在乡村环境中构成景观节点，起到组织景观的作用，为乡村公共场所人们驻留与交流提供了物质载体。乡村环境中的构筑物具有功能相对单一、构造简单、类型丰富、造型灵活、形式多样等基本特征，可以反映出乡村的文化特色与精神面貌，具有一定的审美价值。乡村构筑物的设计要关注以下3个方面：满足场地功能及氛围营造的需求；综合运用现代与传统结合的技术与材料；造型设计要体现景观特色，提升乡村景观的感染力。

例如，安徽绩溪县尚村的"竹篷乡堂"通过6把竹伞撑起拱顶覆盖的空间，将坍塌院落激活利用，为村民和游客提供休憩聊天、娱乐聚会的公共空间，兼备村民集会活动、村庄历史文化展厅、服务游客歇脚的餐厅茶楼的功能。

5. 乡村铺装设计

乡村铺装是指针对村庄的内部道路运用天然或人工的硬质铺地材料对路面进行铺设。现代乡村道路分为满足车行和步行功能的道路，车行道铺装主要是水泥路面、沥青路面；步行路铺装主要是石板路、卵石路、碎石路、沙土路和彩砖路等。

乡村铺装设计应注重以下3个方面：首先，遵循绿色设计理念，强调保护自然生态，充分利用朴素的本土材料，如就地取材的卵石、青石板、砌石、砂石等，提倡废弃材料的创新性应用。其次，关注乡村文化传承，延续乡土风貌，注重地域特色打造。最后，应该避免过度铺装，与乡村景观风貌的整体性相协调。

例如，景德镇的乡村景观设计中，充分利用废弃碎瓷片进行铺装设计，利用碎瓷片打造蜿蜒小路、休闲场地或用在草坪、树池的边界处理上。碎瓷片的拼贴形式较为简单和自然，可以节约成本，展现景德镇的地域文化，还可以根据丰富的颜色肌理进行再创作，如拼接成花瓶等图案，彰显地域性艺术魅力。

附录

优秀实训作业

一、校园小场地设计

设计要求：综合运用植物、铺装、水体、景观小品等元素对高校校园小场地进行改造，一方面满足观赏、休憩、交流、交通等主要功能，另一方面充分挖掘校园的历史和文化元素，展现校园应有的文化气息。

成果要求：采用A1手绘图纸，应包含平面图、剖立面图、整体鸟瞰图、局部效果图等。

实训作业1

设计者：陈舒宇 南京工业大学环境设计专业大二学生

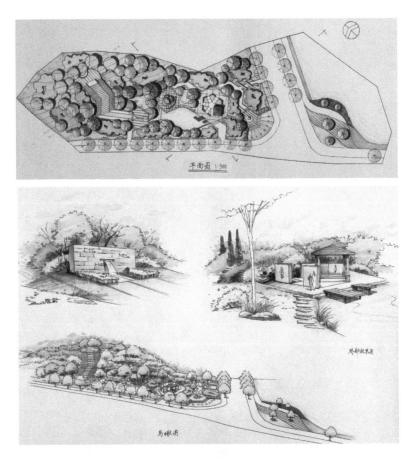

点评： 该方案从学校强势专业——化工专业中提取分子结构六边形作为主要构图元素，结合水景和原有的登山道路，形成一个可游可憩的校园小空间环境。对于刚接触景观设计的学生而言，运用几何元素进行场地形式构图是一项基本功训练，在满足功能的基础上应该多尝试一些形式构成的可能性，这样才能拓展自己的创意思维、提高自己的设计能力。虽然在设计方面上可能还存在一些稚嫩，但坚持练习，会使得设计手法不断成熟。

实训作业 2

设计者：许梦婷 南京工业大学环境设计专业大二学生

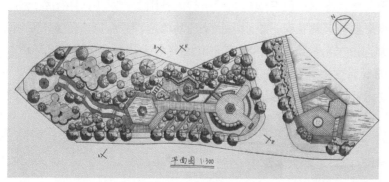

平面图 1:300

效果图-1

效果图-2

点评： 该方案同样运用分子结构六边形作为主要构图元素，但空间处理上更加开放，两处主要空间的景观对比也很鲜明。主要问题在于场地中缺少休憩设施，虽然想用景墙体现校园的历史感，但是墙体有些过于厚重。此外，水池边的护栏对亲水性也有一定影响。尤其在大学校园，当人工水景深度满足规范要求时，通常不需要过度防护。

二、居住小区景观设计

设计要求：对南京河西地区某小区进行景观设计。应充分认识基地现状，考虑居民生活和休闲需要，在保持已有规划路网结构的基础上，对小区组团绿地景观进行设计，设置必要的亭廊花架、景观小品及活动场地，重点打造好主入口步行街景观，同时满足消防通道要求，创造具有时代生活气息的居住小区景观环境。

成果要求：A3 设计文本一套，应包含区位分析图、总平面图、功能分区图、交通分析图、竖向设计图、各分区设计及专项设计图。

实训作业 1
设计者：张诗婧 南京工业大学环境设计专业大三学生

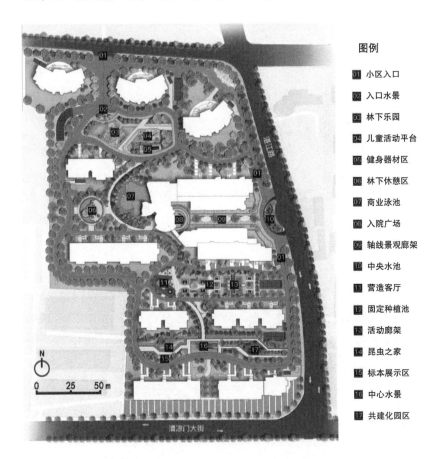

图例

- 01 小区入口
- 02 入口水景
- 03 林下乐园
- 04 儿童活动平台
- 05 健身器材区
- 06 林下休憩区
- 07 商业泳池
- 08 入院广场
- 09 轴线景观廊架
- 10 中央水池
- 11 营造客厅
- 12 固定种植池
- 13 活动廊架
- 14 昆虫之家
- 15 标本展示区
- 16 中心水景
- 17 共建化园区

点评： 该方案在对主入口商业街、各组团绿地进行设计的基础上，引入社区共享农庄、疗愈性景观等理念，希望通过景观营造，激发整个社区的活力、凝聚力和归属感。方案原本希望设计一条"流动的飘带"作为贯穿小区南北的步行路线，但由于场地限制未能实现。共享农庄、疗愈性景观等理念很有探索意义，但是如何在小区有限的绿地空间中实现，如何能实现可持续的维系和管养，需要提出更为详细的策略。线段比例尺的跨度设置有些过大，与场地尺度不太契合。

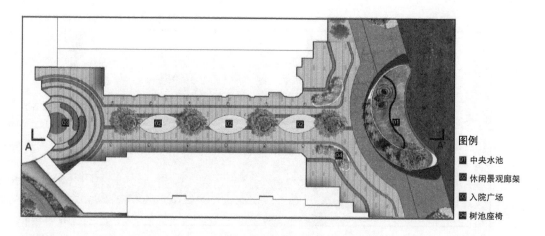

图例

▢ 中央水池
▢ 休闲景观廊架
▢ 入院广场
▢ 树池座椅

点评：主入口商业街设计手法较为现代，与小区风貌相匹配，弧线形的入口水景适当减弱了入口与商业街轴线偏斜的负面影响。入口水景采用活泼的形式将水、植物和雕塑小品有机结合，只是雕塑小品的体量有些偏小，与入口空间的尺度没有很好地匹配起来。

图例

01 营造客厅

02 土培植物种植区

03 水培种植种植区

04 工具屋

05 花卉植物种植区

06 香草植物种植区

07 活动廊架

点评：社区共享农庄是一个很好的创意，体现了用景观激发社区共治共享的理念。只是这一创意的实现除了景观设计之外，还应该考虑可持续的运营模式，同时包括小区内空间和土地性质的限制、安全管理、水肥维系等一系列问题。可以鼓励学生去做进一步探索。

实训作业 2

设计者：吴佩 南京工业大学环境设计专业大三学生

—— 总平图 ————————

① 商业街入口
② 小区次入口
③ 商业街景观
④ 汀步景观步道
⑤ 木质休息平台
⑥ 阳光大草坪
⑦ 开放广场
⑧ 卡座
⑨ 儿童互动墙
⑩ 景观卡座
⑪ 树阵
⑫ 健身广场
⑬ 儿童乐园
⑭ 羽毛球场
⑮ 游园入口
⑯ 跌水池
⑰ 景墙
⑱ 廊架
⑲ 雕塑小品
⑳ 休憩平台

点评：该方案主要通过几何设计语言作为秩序元素贯穿小区景观，用简约化的手法体现文化，希望营造既富有现代感，同时又具有人文气息的居住环境。方案总体上考虑了居民的日常生活需求，但是对于空间景观的细节处理不够到位，这也是学生作业普遍存在的问题。

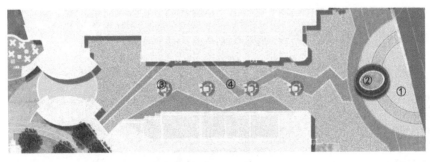

图例：
① 商业街入口
② 入口喷泉
③ 休息座椅
④ 特色铺装

点评： 主入口商业街设计内容颇为丰富，但在平面图上没有表现出来，使得平面图显得有些空，此外入口处的水景整体上偏小，与入口区的空间尺度不太协调，尺度问题也是学生作业中经常出现的问题。

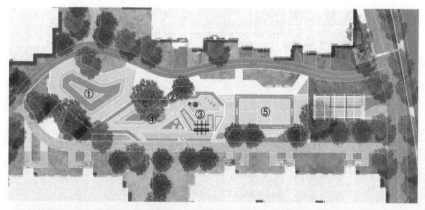

图例：
① 健身器械区
② 休闲座椅
③ 儿童沙坑
④ 儿童滑梯
⑤ 羽毛球场

点评：儿童活动区是该方案设计较有特色的区域，设计充分将各种活动设施以及有趣的造型整合在场地中，给儿童营造了趣味化、多样化的游戏体验。场地中应当再增加一些遮阴乔木、可供家长休憩的座椅或亭架设施等，使场地更加人性化。

三、综合性公园景区设计

设计要求：对南京玄武湖公园玄圃景区进行景观设计，应充分认识场地条件及其历史文化背景，考虑景区游客的多重使用要求，充分利用现有景观资源，挖掘历史文化内涵，处理好景区和周边环境的关系，营造良好的生态环境，创造富有人文气息的滨水游憩空间。

成果要求：A3 设计文本一套，应包含区位分析图、现状分析图、总平面图、功能分区图、交通设计图、竖向设计图、种植设计图以及各分区详细设计图。

实训作业 1
设计者：盛菲 南京工业大学环境设计专业大四学生

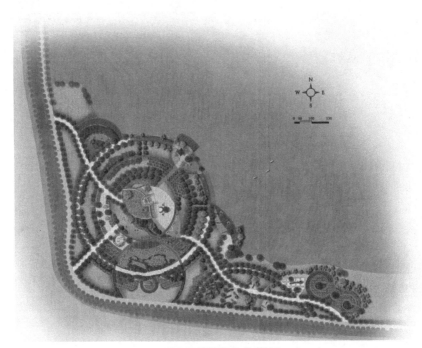

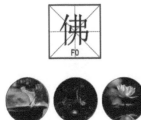

玄圃位于玄武湖公园的西南一隅，原为南朝时齐武帝之子文惠太子所建，文惠太子染病故后，玄圃作为皇家园林的附园被保留了下来。南朝梁时梁武帝之子萧统对玄武湖更是情有独钟。他将玄圃改为自己的私园，在老洲建梁园、亭台、楼阁，并于湖中广植荷莲，遍种花木。他常邀人泛舟湖上，谈古论今，并在此编著了《文选》，后世则其谥号"昭明"故又称《昭明文选》。

萧统睿窘天启，恭俭自居，仁柔爱人。他自幼就熟读儒家经典书籍，受其父梁武帝萧衍的影响也喜爱，曾为大乘佛教经典《金刚经》分品。

《昭明文选》是现存编选最早的汉族诗文总集，它选录了先秦至南朝梁代八九百年间，100多个作者、700余篇各种体裁的文学作品。其中主要收录诗文辞赋，除了少数赞、论、序、述被认为是文学作品外，一般不收经、史、子等学术著作。选的标准是"事出于沉思，义归乎翰藻"，即情义与辞采内外并茂，偏于一面则不收。萧统有意识地把文学作品同学术著作、疏奏应用之文区别开来，反映了当时对文学的特征和范围的认识日趋明确。

江南霏霏江草齐，六朝如梦鸟空啼。无情最是台城柳，依旧烟笼十里堤。

点评： 玄圃曾为南朝梁武帝之子萧统的私园，萧统深受梁武帝影响，具有很高的佛学造诣。该方案以此为切入点，以佛文化来体现萧统及六朝文化。设计以佛教圣物莲花为原型，通过几何构型形成场地的空间结构，同心圆的园路则暗喻了佛教的轮回之说。虽然由于构型需要，部分功能难免受到影响，但是作为学生作业来说，通过景观手法积极探索文化表现的可能性是值得鼓励的。

点评： 历史文化广场的设计采用石柱、景墙、植物相结合，颇有历史的厚重感，但没有将其作为中心区景观有些可惜，反观中心区的景观则稍显平淡。

点评： 设计中注意将亭子置于假山之上，不仅可以和亲水平台形成两个观景层次，便于更好地远眺湖面，而且可以使亭子成为一处被观赏的景观。但由于建模不善，假山的位置阻碍了滨水交通流线。此外，亭子与植物的关系应该深入推敲。

实训作业 2

设计者：闫仲旺　南京工业大学环境设计专业大四学生

- 入口景观
- 文化广场
- 观水平台
- 观水亭
- 亲水平台
- 景墙
- 跌水
- 滨水廊架
- 文化墙
- 阳光草坪
- 集散广场
- 亭廊
- 下沉广场

设计思路：

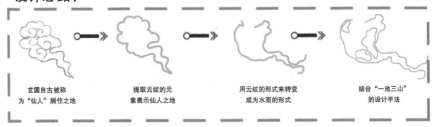

玄圃自古被称　　提取云纹的元　　用云纹的形式来转变　　结合"一池三山"
为"仙人"居住之地　素表示仙人之地　成为水面的形式　　　的设计手法

点评： 在神话传说中，玄圃位于昆仑山中层，是神仙居住之地。方案以云象征神仙居所，将云纹提炼为水岸形式，将湖水引入园内创设水景，再注入湖中，形成循环之活水。在水景营造中，模拟自然水岸形式，同时借鉴皇家园林"一池三山"的构景手法，与玄武湖曾为皇家园林的场地气质相符。在核心区域设计中，重点尚不够突出，临湖亲水平台的形式值得进一步推敲。

点评： 在岛上高处筑观水亭，辅以瀑布，使得建筑与自然有机结合，增加了亭子的观赏效果，亭子的形式风格也与玄武湖内的建筑风格相协调。

点评： 内湖区域的岛和岸的景点之间注意了相互对景关系的处理，只是堆岛面积过大了一些，且位置不是很理想，使得内湖湖面显得有些憋闷，未能与外湖之间形成良好的空间层次和景深效果。

四、乡村景观设计

设计要求：对江南地区某村庄进行环境景观提升设计，该村庄前期进行过人居基础环境整治，主要界面的农房立面已经整治完成，但存在部分农房尚未整治和整治不彻底现象，还存在一些畜棚、坯棚、旱厕等严重影响公共卫生的构筑物。已整治农田的利用率不高，没能形成特色种植和特色农产品，未将农业种植与乡村休闲旅游相结合形成特色产业链。村庄主要道路均已黑色化改造完成，局部需要新增园路和滨水栈桥，同时需要增加能体现乡村文化气息的景观小品。

成果要求：在对村庄现状进行充分调研和分析的基础上，提出设计方案、设计策略及相关图纸文件。

实训作业
设计者：沈纪、吕园园　南京工业大学环境设计专业大四学生

点评：对于艺术类本科学生来说，乡村的环境设计是一项极为复杂的任务，因为这类任务不仅仅是做一些休闲活动空间或是观赏性的景观小品，它涉及如何将景观风貌的改善和乡村经济、社会等方面的发展有机结合。可以说，乡村的景观改造通常超出了艺术类学生的知识体系，需要跨学科的视野，从乡村的可持续发展角度去思考如何通过景观的改善，促进乡村生态、生产、生活的协调发展。因此，在设计中首先要对乡村现有各类资源进行全面摸排，构想如何将乡村产业与景观环境相结合的设计策略，在此基础上进行建筑、环境、道路、设施的一系列改善。

该方案对村庄现有的环境、产业、建筑、设施等方面存在的问题进行了较为全面的梳理和分析，从生态保护、社区营造、产业融合等方面提出改造思路。改造设计尊重村庄原有的空间肌理，对交通路网进行了局部改善并适当增加停车面积，对部分破败的建构筑物进行出新，配置了与乡村特色产业资源配套的景观环境。但是和大多数学生作业类似，该方案在问题分析和设计解决之间存在一定的脱节，设计方案更多地从视觉角度去考虑乡村建筑和环境的美化，对于如何通过景观促进乡村"三生"的融合发展缺少深入的思考。这些问题需要学生通过广泛涉猎相关理论知识，并且多参与乡村生活和实践丰富自身的阅历来改善。

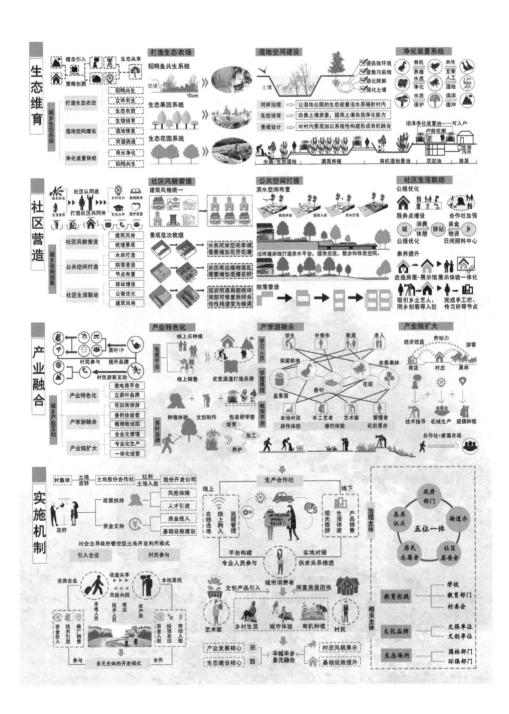

乡村景观效果

村委会改造分析

在原先建筑不变的基础上，结合乡村环境，气候等因素改造建筑。选取白色外立灰色瓦砖，可使整个乡村看起来清晰、整洁。

居民住宅
村委会建筑
绿地

景观节点分析

传统乡村场景

2 800 mm   2 800 mm

3 000 mm   3 000 mm

9 000 mm

乡村农耕

3 500 mm

3 500 mm

3 500 mm

　　景观小品，抛弃现代化建设，以乡村居民为主，渲染乡村氛围，以传统农具为依据，设计景观小品，参考农耕时节，以村民农耕场景做景墙，在下断石村主要节点如村庄入口，道路交叉口等场所放置乡村特色农具，渲染乡村氛围，在特色场所放置传统农耕场景，用以剪纸形式，使用锈板制成特色景墙，可以很好地融入乡村景观中，使游客及乡村居民更好地了解传统生活。

灵感来源　　景观小品　　俯视图　　左视图　　右视图　　节点效果图

传统农具

各个小品的三视图及乡村效果图

致谢

　　本书的出版，首先要感谢南京工业大学艺术设计学院赵慧宁教授，在专业发展和景观设计课程的建设方面，赵老师都倾注了大量的心血，本书内容也吸收了赵老师的部分教学成果，值此成书之际特表示衷心感谢。中煤科工集团南京设计研究院韩延明高级工程师为本书的编写提供了技术支持。研究生卜凡玥、戴欣怡、包钧晗、李晨、孙欣宜、董熙照、李梓萱、郎宇欣、伏绚、宋康、沈纪等参与了本书的编写工作，在此一并表示感谢。

　　在编写过程中，为了更好地辅助教学和交流，我们广泛参考和借鉴了国内外相关著作、论文和设计案例，部分在本书参考文献中已列出，另有部分由于作者信息不详，未能一一列出，敬请谅解，在此谨向有关专家、学者、设计单位一并致谢。

参考文献

[1] 尤南飞. 景观设计 [M]. 北京：北京理工大学出版社，2020.

[2] 陈伯超. 景观设计学 [M]. 武汉：华中科技大学出版社，2010.

[3] 赵慧宁，赵军. 城市景观规划设计 [M]. 北京：中国建筑工业出版社，2011.

[4] 张东，唐子颖. 参与性景观：张唐景观实践手记 [M]. 上海：同济大学出版社，2018.

[5] 林继尧，徐恒醇. 艺术设计学 [M]. 上海：上海人民出版社，2006.

[6] 唐济川，王巍. 设计学通论 [M]. 石家庄：河北美术出版社，2018.

[7] 周武忠. 理想家园——中西古典园林艺术比较 [M]. 南京：东南大学出版社，2012.

[8] 王晓俊. 西方现代园林设计 [M]. 南京：东南大学出版社，2010.

[9] James Corner Field Operations, Diller Scofidio & Renfro. The High Line[M]. London：Phaidon Press, 2015.

[10] 王川，孟霓霓. 景观设计教程 [M]. 沈阳：辽宁美术出版社，2020.

[11] 何彩霞. 可持续城市生态景观设计研究 [M]. 长春：吉林美术出版社，2019.

[12] 陈芊宇，王晨，邓国平. 景观设计 [M]. 北京：北京工业大学出版社，2014.

[13] 刘骏. 居住小区景观设计 [M]. 重庆：重庆大学出版社，2019.

[14] 肖国栋，刘婷，王翠. 园林建筑与景观设计 [M]. 长春：吉林美术出版社，2018.

[15] （美）诺曼 K. 布思. 风景园林设计要素 [M]. 曹礼昆，曹德鲲，译. 北京：中国林业出版社，1989.

[16] 张健健. 20 世纪西方艺术对景观设计的影响 [M]. 南京：东南大学出版社，2014.

[17] 金煜. 园林植物景观设计 [M]. 2 版. 沈阳：辽宁科学技术出版社，2015.

[18] 谢科，单宁，何冬. 景观设计基础 [M]. 2 版. 武汉：华中科技大学出版社，2021.

[19] 窦奕，郦湛若，程红波. 园林小品及园林小建筑 [M]. 合肥：安徽科学技术出版社，2003.

[20] 郝鸥，谢占宇. 景观设计原理 [M]. 武汉：华中科技大学出版社，2017.

[21] 孟刚，李岚，李瑞冬，等. 城市公园设计 [M]. 2 版. 上海：同济大学出版社，2005.

[22] 赵良. 景观设计 [M]. 武汉：华中科技大学出版社，2009.

[23] 曹福存，赵彬彬. 景观设计 [M]. 北京：中国轻工业出版社，2014.

[24] 王晓俊. 风景园林设计 [M]. 南京：江苏科学技术出版社，2009.

[25] 杨至德. 风景园林设计原理 [M]. 武汉：华中科技大学出版社，2021.

[26] 郑磊. 景观设计 [M]. 北京：清华大学出版社，2022.

[27] 成玉宁. 现代景观设计理论与方法 [M]. 南京：东南大学出版社，2010.

[28] 王红英，孙欣欣，丁晗. 园林景观设计 [M]. 北京：中国轻工业出版社，2017.

[29] 矫克华. 现代景观设计艺术 [M]. 成都：西南交通大学出版社，2012.

[30] 荆福全，陶琳 . 景观设计 [M]. 青岛：中国海洋大学出版社，2014.

[31] 黄铮 . 乡村景观设计 [M]. 北京：化学工业出版社，2018.

[32] 吕勤智，黄焱 . 乡村景观设计 [M]. 北京：中国建筑工业出版社，2020.

[33] 程越，赵倩，延相东 . 新中式景观建筑与园林设计 [M]. 长春：吉林美术出版社，2018.

[34] 周建明 . 中国传统村落——保护与发展 [M]. 北京：中国建筑工业出版社，2014：36.

[35] 顾馥保 . 现代景观设计学 [M]. 武汉：华中科技大学出版社，2010.

[36] 蔡文明，刘雪 . 现代景观设计教程 [M]. 成都：西南交通大学出版社，2017.

[37] 赵慧宁 . 马克笔建筑环境快图设计表现技法 [M]. 北京：北京大学出版社，2016.

[38] 刘晖，杨建辉，岳邦瑞，等 . 景观设计 [M]. 2 版 . 北京：中国建筑工业出版社，2022.

[39] 胡俊琦，柳健 . 景观设计 [M]. 重庆：重庆大学出版社，2015.

[40] 俞孔坚，李迪华 . 景观设计：专业学科与教育 [M]. 北京：中国建筑工业出版社，2003.

[41] 刘抚英，王育林，张善峰 . 景观设计新教程 [M]. 上海：同济大学出版社，2010.

[42] 王向荣，林箐 . 艺术、生态与景观设计 [J]. 建筑创作，2003(07)：30-35.

[43] 曾庆宜 . 大尺度城市滨江景观带设计方法初探——以广州珠江一江两岸核心段景观设计为例 [J]. 现代园艺，2018(13)：107-108.

[44] 尹吉光，刘晓明 . 纽约高线公园植物景观解析及启示 [J]. 中国城市林业，2020，18(4)：116-120.

[45] 甘振委 . 景观设计中的地形处理及利用分析 [J]. 南方农业，2020，14(32)：73-74.

[46] 蔡凌豪，范凌，赖文波，等 . 设计视角下人工智能的定义、应用及影响 [J]. 景观设计学，2018，6(2)：56-63.

[47] 赵晶，曹易 . 风景园林研究中的人工智能方法综述 [J]. 中国园林，2020，36（5）：82-87.

[48] 何清，李宁，罗文娟，等 . 大数据下的机器学习算法综述 [J]. 模式识别与人工智能，2014，27(4)：327-336.

[49] 范建红，魏成，李松志 . 乡村景观的概念内涵与发展研究 [J]. 热带地理，2009（3）：285-289：306.

[50] 孙新旺，王浩，李娴 . 乡土与园林——乡土景观元素在园林中的运用 [J]. 中国园林，2008（8）：37-40.

[51] Sean Lee，Ian Phau，Michael Hughes，et al. Heritage Tourism in Singapore Chinatown：A Perceived Value Approach to Authenticity and Satisfaction[J]. Journal of Travel & Tourism Marketing，2016(33)：981-998.

[52] 李飞 . 基于乡村文化景观二元属性的保护模式研究 [J]. 地域研究与开发，2011，30（4）：85-88.

[53] 文问，文卫民，黄彬彬，等 . 基于在地文化体验的文创型乡村微更新研究与实践 [J]. 家具与室内装饰，2021（4）：103-105.

[54] 田大庆，王奇，叶文虎 . 三生共赢：可持续发展的根本目标与行为准则 [J]. 中国人口资源与环境，2004（2）：9-12.

[55] 张松 . 新农村建设与乡土文化保护 [J]. 南方建筑，2009（4）：72-75.

[56] 郭晓彤，韩锋 . 文化景观视角下乡村遗产保护与可持续发展协同研究——意大利皮埃蒙特遗产地的启示 [J]. 风景园林，2021，28（2）：116-120.

[57] 张健健. 从废弃地到公园：多元视角的分析 [J]. 现代城市研究，2011，26（1）：66-71.

[58] 李静，黄华明. 现代园林景观空间中视觉形式美的营造 [J]. 安徽农业科学，2010，38(32)：18448-18450.

[59] 王敏，崔芊浬. 基于罗曼·布什场地设计语言思想的景观设计策略 [J]. 风景园林，2015(2)：66-73.

[60] 李颖. 平面构成基础教学初探——谈平面构成的要素点、线、面 [J]. 苏州大学学报（工科版），2002(6)：36-38.

[61] 罗锐. 构成艺术元素在风景园林设计中的运用策略 [J]. 风景名胜，2021(2)：11-13.

[62] 张健健，徐宏. 中国古典园林创作中的传统思维特征研究 [J]. 工业工程设计，2022，4(5)：1-5，14.

[63] 张健健. 景观设计中的废弃物再生 [J]. 生态经济，2014，30(3)：195-199.

[64] 张健健. 美国波士顿斯佩克特克尔岛废地与废料的景观化重生 [J]. 国际城市规划，2021，36(6)：152-155.

[65] 林楠. 当代城市公园的功能迭代与景观呈现 [J]. 现代园艺，2023，46(4)：141-143.

[66] 陈敏虹. 探析景观施工图的设计流程 [J]. 绿色科技，2017（17）：36-37.

[67] 白鹤，芦建国，冉冰. 自然野趣的植物景观营造——以纽约高线公园为例 [J]. 云南农业大学学报（社会科学版），2015，9(6)：116-122.

[68] 易俊. 小尺度园林空间与意境营造设计的研究——基于尼泊尔梦想花园为例分析 [J]. 江苏农业科学，2017，45(20)：157-161.

[69] 郑永莉. 平面构成在现代景观设计中的应用研究 [D]. 哈尔滨：东北林业大学，2005.

[70] 林文君. 植物配置应用人工神经网络技术的可行性研究 [D]. 广州：华南理工大学，2017.

[71] 宋子行. "三生融合"理念下的乡村景观规划设计研究 [D]. 长春：吉林农业大学，2022.